Projeto

LUMIRÁ

CIÊNCIAS 4

Organizadora: Editora Ática S.A.
Obra coletiva concebida pela Editora Ática S.A.
Editora responsável: Heloisa Pimentel

Material de apoio deste volume:

- Miniatlas Seres vivos

editora ática

editora ática

Diretoria editorial
Lidiane Vivaldini Olo
Gerência editorial
Luiz Tonolli
Editora responsável
Heloisa Pimentel
Coordenação da edição
Isabel Rebelo
Edição
Daniella Drusian Gomes
Gerência de produção editorial
Ricardo de Gan Braga
Arte
Andréa Dellamagna (coord. de criação),
Talita Guedes (progr. visual de capa e miolo),
André Gomes Vitale (coord.),
Mauro Roberto Fernandes (edição)
e Casa de Tipos (diagram.)
Revisão
Hélia de Jesus Gonsaga (ger.), Rosângela Muricy (coord.),
Célia da Silva Carvalho, Gabriela Macedo de Andrade,
Luís Maurício Boa Nova e Paula Teixeira de Jesus,
Brenda Morais e Gabriela Miragaia (estagiárias)
Iconografia
Sílvio Kligin (superv.),
Denise Durand Kremer (coord.),
Roberta Freire Lacerda Santos (pesquisa)
Cesar Wolf e Fernanda Crevin (tratamento de imagem)
Ilustrações
Estúdio Icarus CII – Criação de Imagem (capa),
Alex Argozino, Ampla Arena, Chris Messias, Estúdio 1 mais 2,
Hiroe Sasaki, Júlio Dian, Luís Moura, Mauro Nakata,
Oswaldo Sequetin, Priwi e Vicente Mendonça (miolo)

Avenida das Nações Unidas, 7221, 3º andar, Setor A
Pinheiros – São Paulo – SP – CEP 05425-902
Tel.: 4003-3061
www.atica.com.br / editora@atica.com.br

Dados Internacionais de Catalogação na Publicação (CIP)
(Câmara Brasileira do Livro, SP, Brasil)

Projeto Lumirá : ciências : 2º ao 5º ano / obra coletiva concebida pela Editora Ática ; editora responsável Heloisa Pimentel. – 2. ed. – São Paulo : Ática, 2016. – (Projeto Lumirá : ciências)

1. Ciências (Ensino fundamental) I. Pimentel, Heloisa. II. Série.

16-01516 CDD-372.35

Índices para catálogo sistemático:
1. Ciências : Ensino fundamental 372.35

2016

ISBN 978 85 08 17870 4 (AL)
ISBN 978 85 08 17871 1 (PR)

Cód. da obra CL 739146

CAE 565 905 (AL) / 565 906 (PR)

2ª edição
1ª impressão

Impressão e acabamento
Corprint Gráfica e Editora Ltda.

Elaboração de originais

Daniela Santos Rosa
Licenciada em Pedagogia pela Pontifícia Universidade Católica de São Paulo (PUC-SP)
Professora do Ensino Fundamental da rede particular de ensino de São Paulo (SP)

Sueli Campopiano
Graduada em Ciências Sociais pela Universidade de São Paulo (USP)
Especialização em leitura pela Pontifícia Universidade Católica de São Paulo (PUC-SP)

Revisão técnica e apoio pedagógico

Cláudia Cristina Pereira Mendes
Habilitada para o Magistério em Educação Infantil e Ensino Fundamental (1º ao 5º ano)
Licenciada em Pedagogia pela Faculdade Taboão da Serra (SP)
Pós-graduada (*lato sensu*) em Distúrbios da Aprendizagem pelo Centro de Referência em Distúrbios da Aprendizagem
Professora do Ensino Fundamental da rede particular de ensino de São Paulo (SP)

Projeto LUMIRÁ

Este é o seu livro de
Ciências do 4º ano.

Escreva aqui o seu nome:

....

....

Este livro vai ajudar você a pensar sobre tudo o que você já sabe, a investigar o mundo, a questionar o que vai aprender e a descobrir muito mais sobre a Terra e o Universo, os seres vivos, os ecossistemas e o corpo humano.

Bom estudo!

Caro aluno

Você cresceu bastante. Está pronto para aprender mais coisas importantes e enfrentar novos desafios, como:

- ler e escrever com mais desenvoltura, compreendendo melhor diferentes palavras e textos;
- identificar e operar com números cada vez maiores, frações e decimais, e explorar figuras, medidas, tabelas e gráficos;
- compreender melhor o corpo humano, os fenômenos da natureza e a importância da conservação do ambiente;
- conhecer mais do planeta Terra e do Brasil;
- entender a história do Brasil e das pessoas que vivem em nosso país.

O **Projeto Lumirá** vai ajudá-lo com textos, atividades, jogos, ilustrações e fotografias muito interessantes. Você vai continuar aprendendo sempre mais e se divertindo com as novas descobertas.

Bom estudo!

Adilson Farias/Arquivo da editora

COMO É O MEU LIVRO?

Este livro tem 4 Unidades, cada uma delas com 3 capítulos. No final, na seção **Para saber mais**, há indicações de livros, vídeos e *sites* para complementar seu estudo.

ABERTURA DE UNIDADE

Você observa a imagem, responde às questões e troca ideias com os colegas e o professor sobre o que vai estudar.

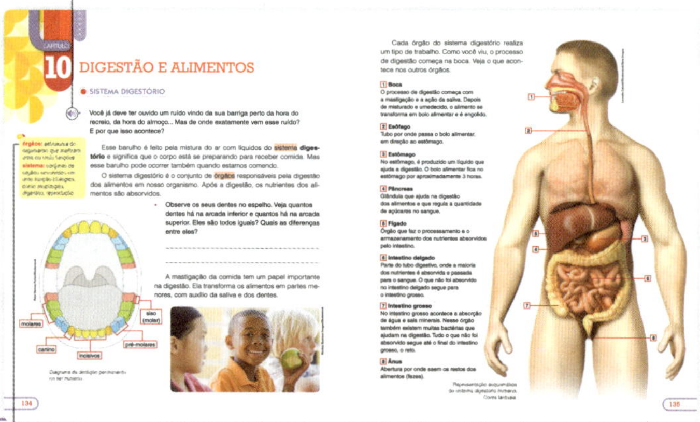

CAPÍTULOS

Textos, fotografias, ilustrações e experimentos vão motivar você a pensar, questionar e aprender. Há atividades ao longo de cada tema. No final do capítulo, a seção **Atividades do capítulo** traz mais exercícios para completar seu estudo.

GLOSSÁRIO

O glossário explica o significado de algumas palavras que talvez você não conheça.

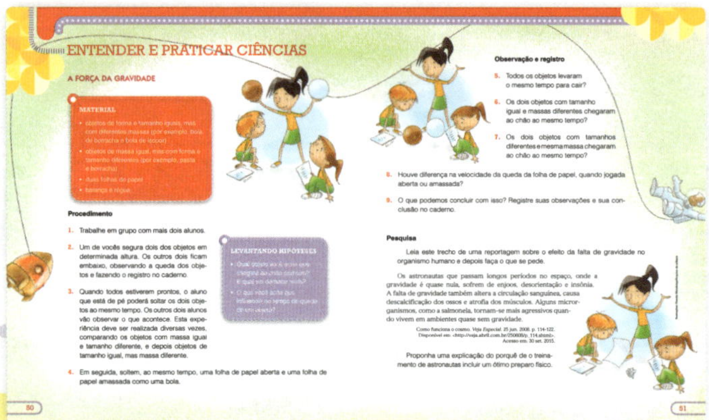

ENTENDER E PRATICAR CIÊNCIAS

Aqui você vai fazer experimentos, pesquisas e outras atividades importantes em Ciências.

LEITURA DE IMAGEM

Aqui você vai fazer um trabalho com imagens. Elas ajudam você a refletir sobre os temas estudados: o que é parecido com seu dia a dia, o que é diferente.

ÍCONE

Atividade oral

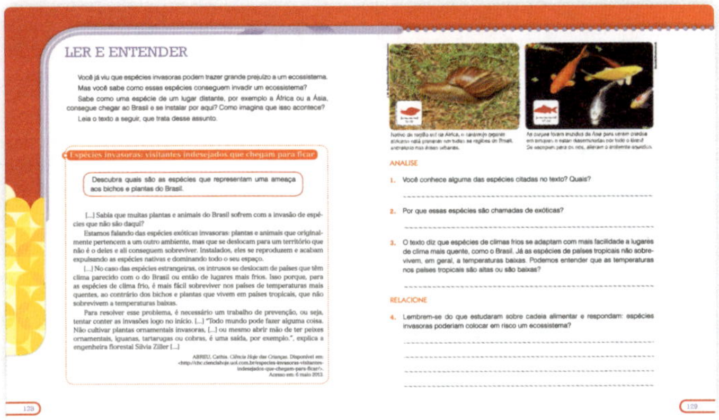

LER E ENTENDER

Nesta seção você vai ler diferentes textos. Pode ser um poema, um rótulo de produto ou uma notícia. Um roteiro de perguntas vai ajudar você a ler cada vez melhor e a relacionar o que leu aos conteúdos estudados.

O QUE APRENDI?

Aqui você encontra atividades para pensar no que aprendeu, mostrar o que já sabe e refletir sobre o que precisa melhorar.

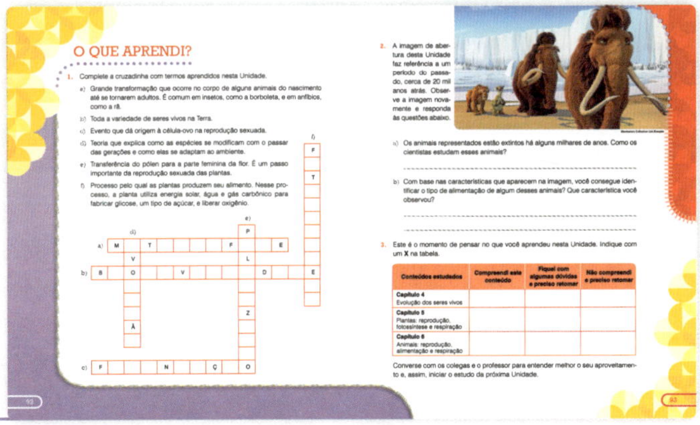

Sempre que possível, o tamanho aproximado de alguns seres vivos é apresentado por este símbolo. Quando a medida for apresentada por uma barra vertical, significa que ela se refere à altura. Quando for representada por uma barra horizontal, significa que se refere ao comprimento, que, no caso dos animais, não considera o tamanho da cauda.

15 metros

3,5 metros

SUMÁRIO

UNIDADE 1

UNIDADE 2

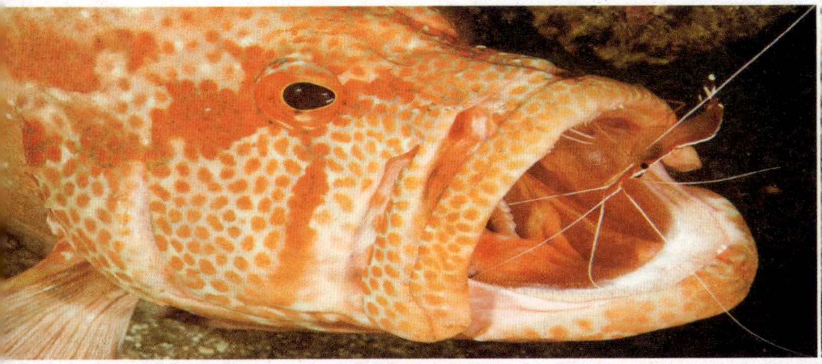

UNIDADE 3

UNIDADE 4

UNIDADE 1

O UNIVERSO, O SISTEMA SOLAR E A TERRA

Nasa/JPL-SPL DC/Latinstock

Os elementos da imagem não estão em proporção entre si.

- Você já viu alguma imagem parecida com esta?
- Quais são os elementos que você identifica nela?
- Você consegue apontar para o planeta Terra representado na imagem?

CAPÍTULO 1 O ESPAÇO

O ESTUDO DO UNIVERSO

Desde a Antiguidade, o ser humano tenta compreender tudo ao seu redor, não somente na Terra, mas também no céu.

Com a observação do céu, nasceu a **Astronomia**, ciência que estuda os corpos celestes, como as **estrelas**, os **planetas** e os **cometas**. Inicialmente os astrônomos contavam apenas com os próprios olhos para observar os corpos celestes. O desenvolvimento de novos instrumentos de observação e de medição fez com que houvesse um avanço do conhecimento sobre a Terra e o **Universo**, mas ainda há muito a ser descoberto.

Os telescópios possuem espelhos curvos que ampliam a imagem de objetos situados a grandes distâncias. Eles podem ser de diversos tamanhos: quanto maior o tamanho dos espelhos, melhor se observa objetos muito distantes. Os maiores telescópios são montados no alto das montanhas, onde há menos nuvens. Há até um telescópio no espaço, chamado Hubble (lê-se Râbol)!

Veja alguns instrumentos utilizados pelos astrônomos para observar o Universo:

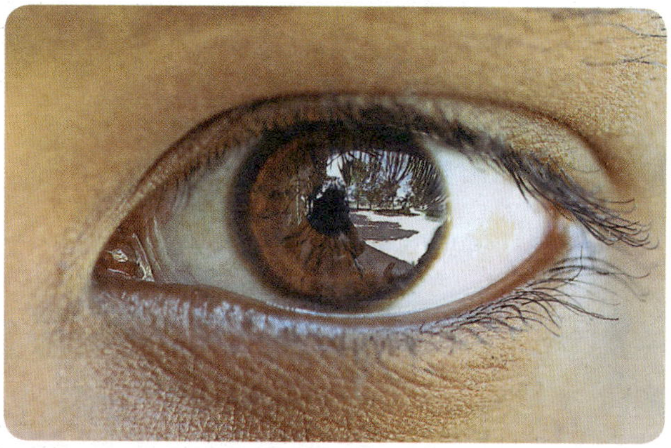

Por muito tempo, antes de se inventar lunetas e telescópios, os astrônomos utilizavam apenas os olhos para observação a distância.

As lunetas possuem lentes que formam uma imagem ampliada dos objetos e permitem melhor observação a distância.

Os radiotelescópios permitem que os astrônomos "escutem" o Universo. Esses aparelhos captam raios cósmicos provenientes de estrelas e planetas e dão pistas importantes sobre esses astros.

Como se imaginava o planeta Terra antigamente?

Muito antes de os astronautas observarem como é o nosso planeta visto do espaço, podia-se apenas imaginar qual era a forma da Terra e do Universo.

Ilustrações: Ampla Arena/Arquivo da editora

Um ovo com a Terra no meio: assim era o Universo para os chineses, antes da Era Cristã.

Para os babilônios, a Terra era um barco virado no mar e o céu era uma pedra preciosa.

Os egípcios acreditavam que o Universo era uma caixa e o Sol viajava em um barco.

Para o povo juruna, quem iluminava o dia eram os filhos de Kuandu, o deus Sol, quando saíam de casa.

A Terra era um disco dentro de um rio para os gregos e o Sol era puxado por uma carruagem.

Para algumas tribos africanas, o Universo era uma cabaça, com as metades unidas por uma serpente.

GENTILE, Paola. Era uma vez o Sol, a Terra e a Lua... *Revista Nova Escola*. Disponível em: <http://revistaescola.abril.com.br/ciencias/pratica-pedagogica/era-vez-sol-terra-lua-426157.shtml>. Acesso em: 16 set. 2015.

A TERRA, O SISTEMA SOLAR E A VIA LÁCTEA

- Você sabe qual o endereço da Terra no Universo? Leia o texto a seguir e depois responda à questão.

A Terra é um dos oito planetas do **Sistema Solar**. O Sol é uma estrela que ocupa o centro do Sistema, e os planetas giram ao redor dele. Contando a partir do Sol, a Terra é o terceiro planeta do Sistema Solar.

Além do Sol e dos planetas, no Sistema Solar existem asteroides, cometas e planetas-anões, que também giram ao redor do Sol.

Mas nem tudo o que existe no Sistema Solar gira ao redor do Sol. Alguns corpos celestes giram ao redor de planetas e são chamados de **satélites** ou **luas**. A Terra tem apenas um satélite, a Lua.

Reprodução/Nasa

Esquema do Sistema Solar mostrando o Sol e os planetas.

O Sol é uma das muitas estrelas que se localizam na galáxia que chamamos de **Via Láctea**. As galáxias são conjuntos de milhões de estrelas, e em nosso Universo existem milhões de galáxias além da Via Láctea.

- **O Sol é apenas mais uma dos milhões de estrelas que formam a Via Láctea. Tente adivinhar o local onde o Sol se localiza na Via Láctea observando a figura ao lado.**
- **Visto aqui da Terra, o Sol parece muito maior do que as outras estrelas. Por que isso acontece?**

____

____

Reprodução/Nasa

A figura representa a Via Láctea. Galáxias são aglomerados de estrelas em forma de disco, que giram como um carrossel.

As estrelas e a navegação

As estrelas há muito tempo são utilizadas para a navegação.

No Brasil, assim como em todo o hemisfério sul, navegantes e viajantes utilizam a constelação do Cruzeiro do Sul para localizar a direção sul e, com isso, saber em qual direção seguir a viagem.

Para encontrar o ponto cardeal sul, traçamos uma linha imaginária que sai de Magalhães e passa por Rubídea. Depois, prolongamos essa linha quatro vezes e meia para encontrar o polo sul celeste. Abaixando essa linha verticalmente em direção à linha do horizonte, estaremos apontando para o ponto cardeal sul. Veja o esquema ao lado:

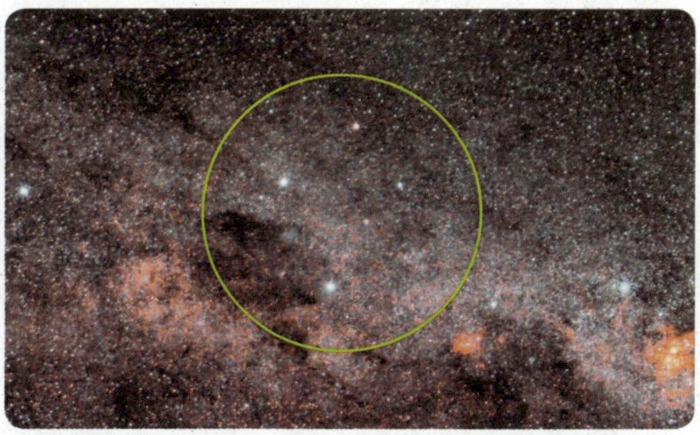

Katarina Christenson/Shutterstock/Glow Images

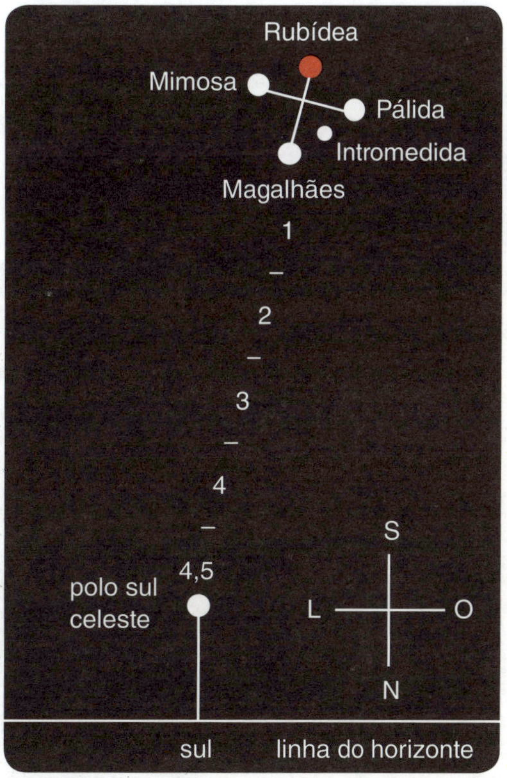

Banco de imagens/Arquivo da editora

constelação: grupo de estrelas observado no céu.

A TERRA, O SOL E AS ESTAÇÕES DO ANO

Você sabia que, quando é dia no Brasil, é noite no Japão? Como isso acontece?

Observe as imagens.

Ruta Saulyte-Laurinaviciene/Shutterstock/Glow Images

Valuykin Sergey/ Shutterstock/Glow Images

- **Descreva o movimento que as imagens mostram e, se souber, indique o nome desse movimento.**

Um eixo é uma reta em torno da qual gira um corpo. O eixo da Terra é como uma linha imaginária, que passa pelo centro e pelos dois polos do planeta. A Terra gira com seu eixo inclinado.

O movimento da Terra em torno de seu próprio eixo recebe o nome de **rotação**. A Terra demora quase 24 horas para completar essa volta, ou seja, um dia. É por isso que temos o dia e a noite. Enquanto é dia no lado do planeta que está direcionado para o Sol, é noite no lado oposto, que não está recebendo a luz do Sol.

Os elementos da imagem não estão em proporção entre si.

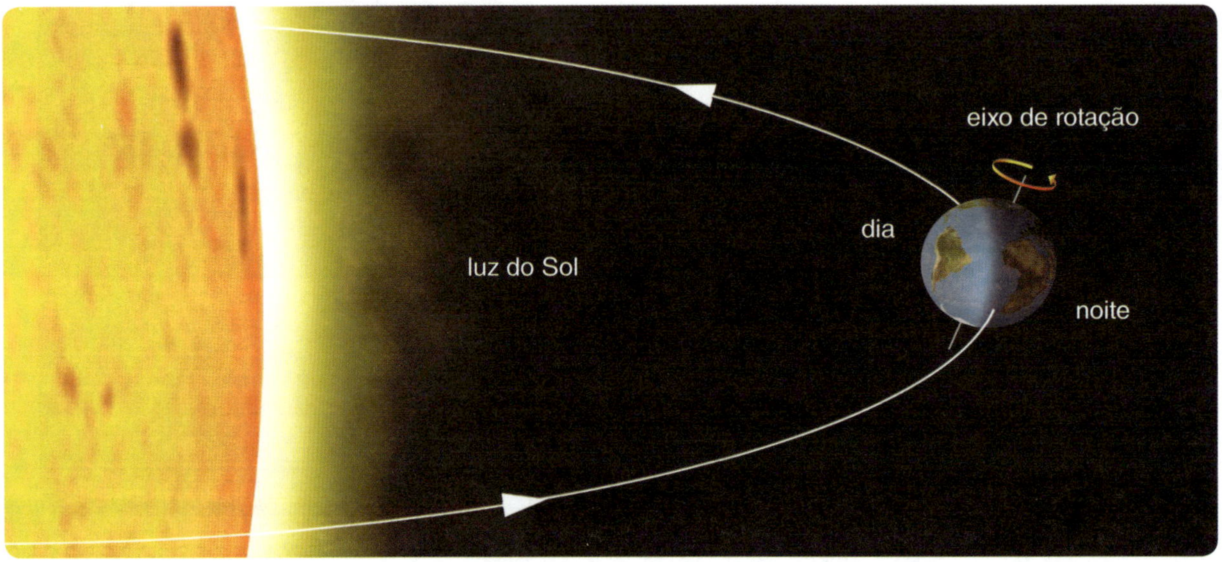

Luis Moura/Arquivo da editora

Ilustração esquemática representando o movimento da Terra em torno do Sol.

Além da rotação, a Terra faz outros movimentos. Um deles é a **translação**, que é o movimento em torno do Sol. Esse movimento leva aproximadamente 365 dias, o período de um ano.

- **Os movimentos da Terra também determinam as estações do ano. Como você acha que isso ocorre?**

A intensidade da luz solar que atinge a parte norte e a parte sul da Terra muda durante o ano. Essas mudanças dão origem à primavera, ao verão, ao outono e ao inverno. Acompanhe esse ciclo na ilustração abaixo.

Os elementos da imagem não estão em proporção entre si.

shooarts/Shutterstock/Glow Images

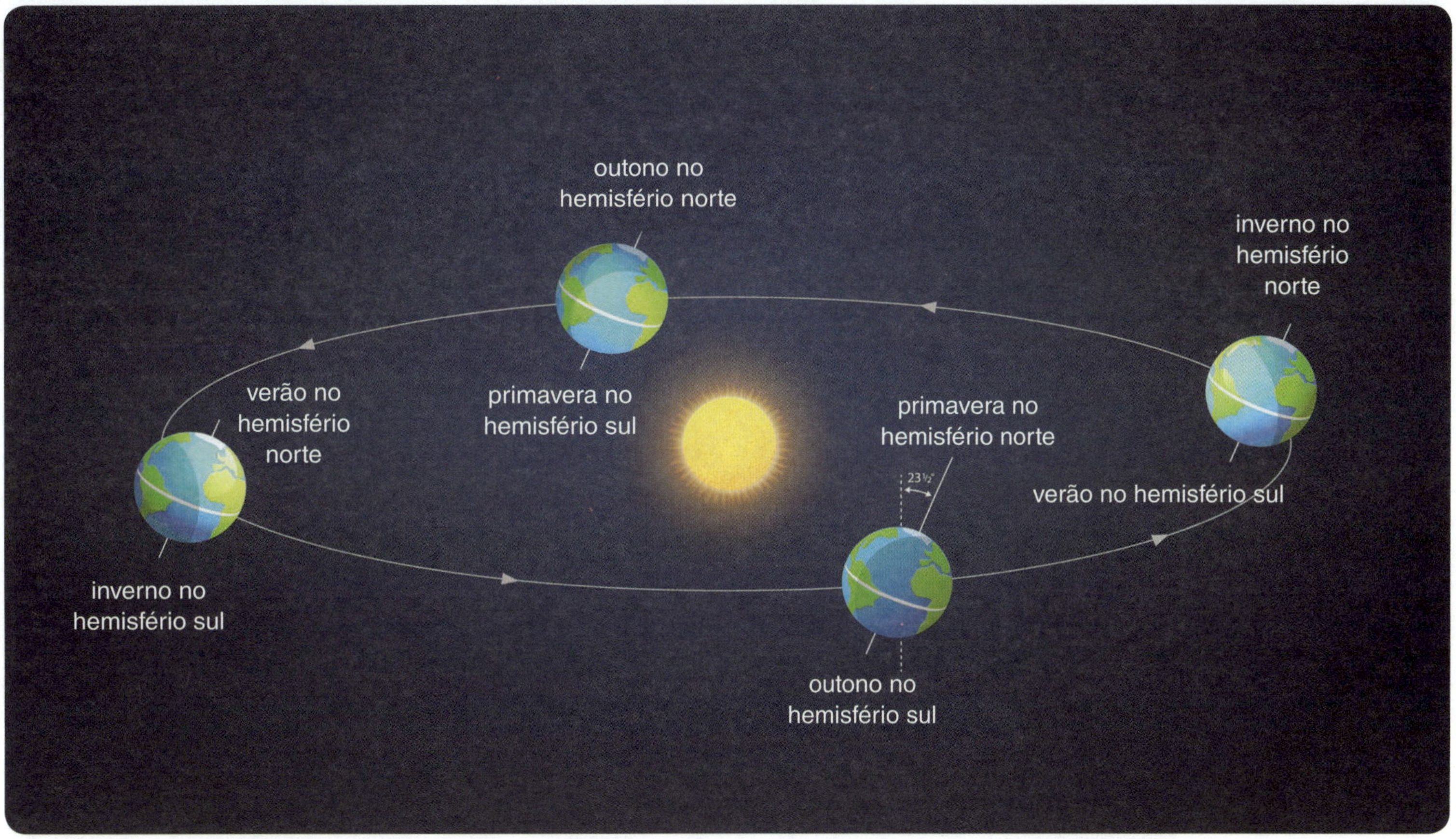

Esquema representando o ciclo das estações do ano definido pelo movimento da Terra em torno do Sol.

Você já ouviu falar em ano bissexto?

Nos anos bissextos, o calendário passa a ter também o dia 29 de fevereiro e, então, o ano fica com 366 dias. Isso é feito para ajustar o calendário ao tempo de translação da Terra, que dura aproximadamente 365 dias e mais 6 horas. Essas 6 horas são somadas a cada quatro anos e completam 24 horas, o que significa um dia extra.

A LUA E SUAS FASES

Os **satélites** são objetos que giram em torno de um planeta. A Lua, por exemplo, é o satélite natural da Terra.

- **A Lua está sempre na mesma posição no céu? E está sempre com a mesma aparência? O que acontece com ela durante cerca de um mês com o passar dos dias?**

A Lua não tem luz própria. Quando vemos a Lua no céu, estamos observando a luz do Sol que é refletida na superfície dela.

Ao longo de mais ou menos um mês, a parte iluminada da Lua que conseguimos observar muda bastante. Essas mudanças são chamadas de **fases da Lua**, e elas são quatro: nova, crescente, cheia e minguante. Essas fases são o resultado do movimento de translação da Lua ao redor da Terra.

Os elementos da imagem não estão em proporção entre si.

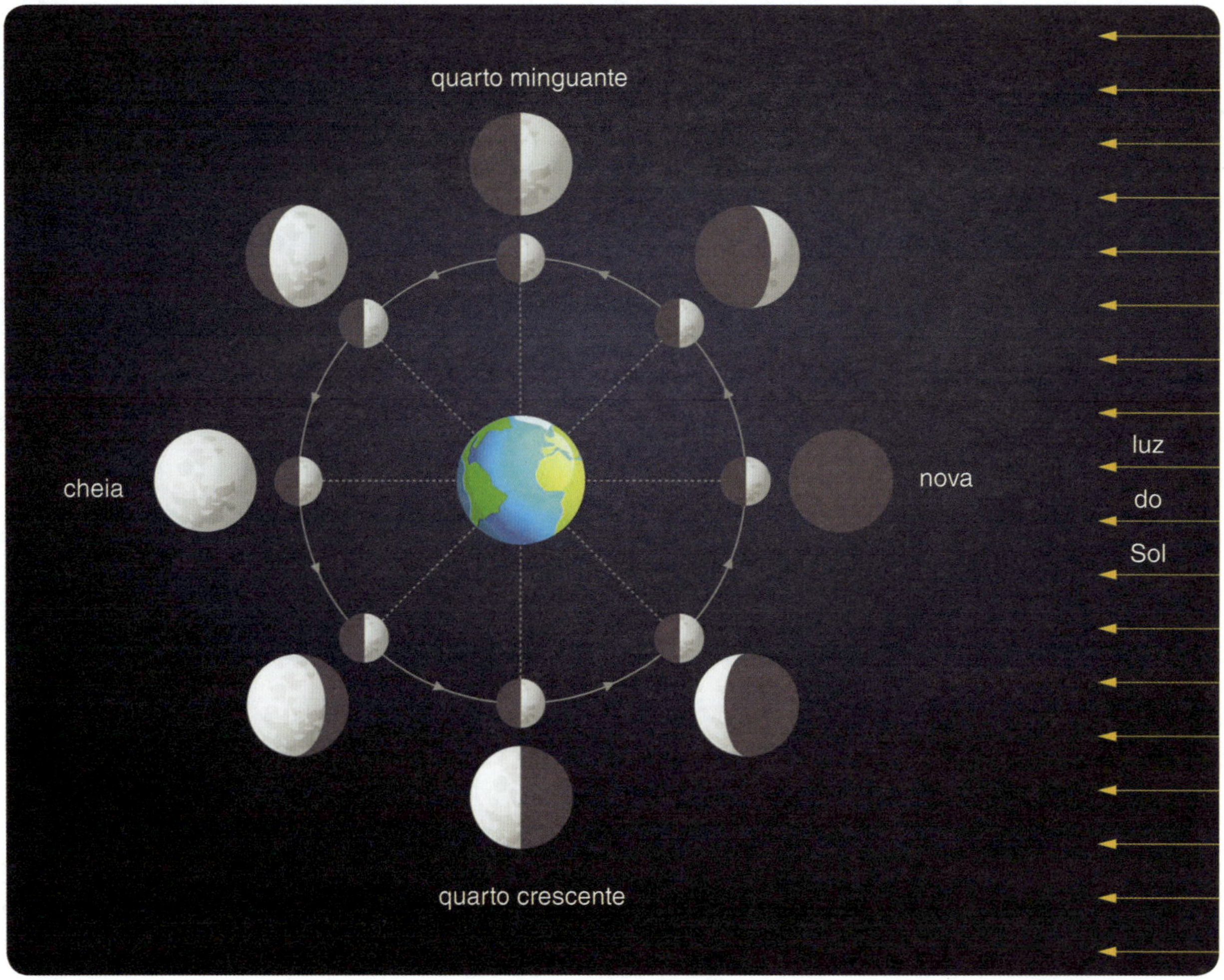

shooarts/Shutterstock/Glow Images

Esquema da órbita da Lua ao redor da Terra. A representação menor da Lua mostra a posição dela em relação à Terra. A representação maior, como a Lua parece vista por um observador da Terra.

- Você já viu algum eclipse? Se já viu, o que você conseguiu observar?

____

____

O **eclipse solar** acontece quando vemos a Lua encobrindo o Sol. Ocorre quando o Sol, a Lua e a Terra ficam alinhados, e a Lua passa entre o Sol e a Terra.

Dmitry Kosterev/Shutterstock/Glow Images

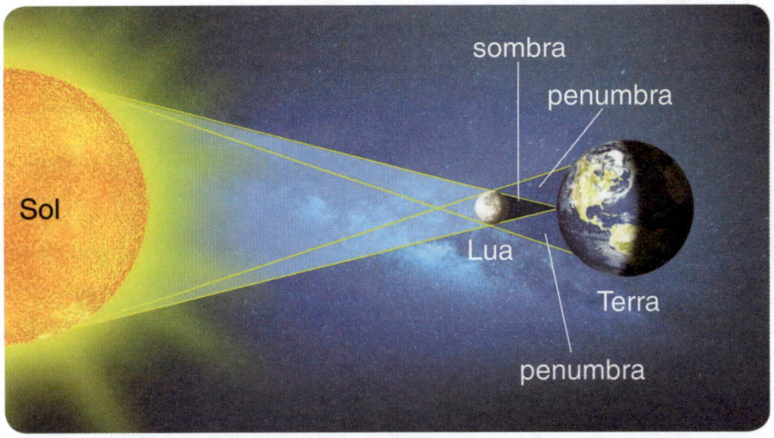

Ilustração esquemática de eclipse solar

Ilustrações: Alex Argozino/Arquivo da editora

O **eclipse lunar** acontece quando a Terra fica alinhada entre o Sol e a Lua. Nessa ocasião, a sombra da Terra é projetada sobre a Lua.

Primoz Cigler/Shutterstock/Glow Images

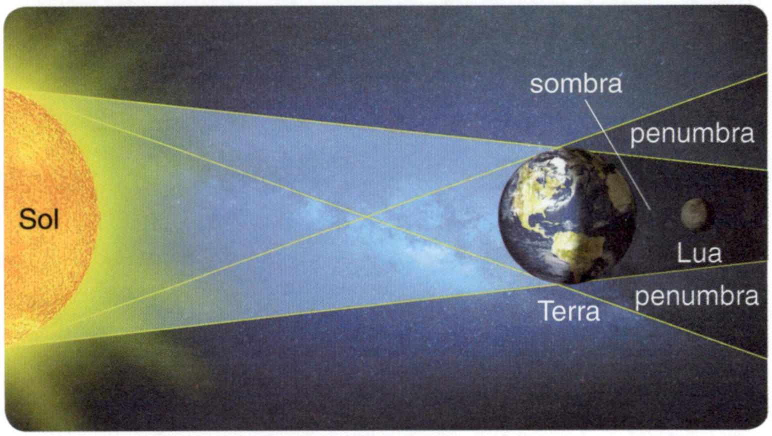

Ilustração esquemática de eclipse lunar

NESTE CAPÍTULO, VOCÊ VIU QUE:

- O Sistema Solar tem oito planetas que giram ao redor do Sol, e a Terra é o terceiro desses planetas.
- Existem no Universo muitas galáxias, e o Sistema Solar fica na galáxia chamada Via Láctea.
- Há dois movimentos importantes da Terra: o giro ao redor de seu eixo, que gera o dia e a noite, e o movimento em torno do Sol, que leva um ano para se completar e gera as estações do ano.
- Os satélites giram em torno de um planeta, e a Lua é o satélite natural da Terra.

ATIVIDADES DO CAPÍTULO

1. Complete com as palavras do quadro que deem sentido ao texto.

Lua	planetas	Sistema Solar	estrelas	
Sol	Via Láctea	Terra	satélite	eclipse

No Universo existem muitas galáxias. Uma delas é a ______________________, na qual existem milhões de ____________________. Uma dessas estrelas é o ________, que está no centro do ________________________. Em torno do Sol giram vários ________________, incluindo a ________________.

2. Faça o que se pede:

a) Pesquise e descubra quando foi o último ano bissexto.

____

b) Calcule quando será o próximo ano bissexto.

____

____

c) Você conhece alguém que tenha nascido em 29 de fevereiro? Como você acha que as pessoas que nascem nessa data calculam a idade?

____

____

____

____

____

____

____

3. Observe atentamente as imagens a seguir e depois responda às questões.

Reprodução/Acervo de J. Miguel

O sol quente e o mandacaru, xilogravura (s.d.), de J. Miguel. Dimensões: 16 cm × 10 cm.

Coleção Particular/Tarsila do Amaral Empreendimentos

A Lua, óleo sobre tela (1928), de Tarsila do Amaral. Dimensões: 110 cm × 110 cm.

Museu de Arte Moderna, Nova York.

A noite estrelada, óleo sobre tela (1889), de Vincent van Gogh. Dimensões: 73,7 cm × 92,1 cm.

a) Quais corpos celestes estão representados nas imagens?

b) Que tipo de corpo celeste é cada um deles?

c) Um desses corpos celestes apresenta fases que mudam sua aparência ao longo de cerca de um mês. Qual é ele? Quais fases estão representadas nas imagens?

ACHANDO O CRUZEIRO DO SUL NO CÉU

MATERIAL

- este livro
- uma prancheta para poder fazer os desenhos (opcional)
- um lápis

Procedimento

1. Em casa, com a ajuda de um adulto, localize a constelação conhecida como **Cruzeiro do Sul**. A posição do Cruzeiro do Sul no céu varia dependendo da época do ano e da região em que você vive. Quanto mais ao norte (mais próximo da linha do equador) você fizer sua observação, mais próximo do horizonte o Cruzeiro do Sul aparecerá; quanto mais ao sul, mais alto no céu ele estará.

2. Assim que localizar a constelação, observe atentamente cada uma das cinco estrelas que compõem o Cruzeiro do Sul e desenhe-as nos espaços a seguir, na posição exata em que elas se encontram no céu. Desenhe algum ponto de referência no horizonte que você identifique, como uma construção (um prédio, uma torre, uma chaminé), uma árvore, um morro, etc. Marque também o horário da observação.

3. Repita esse procedimento três vezes, com um intervalo de 30 minutos entre as observações, sempre se lembrando de marcar o horário em que foi feita cada uma delas.

Ilustrações: Vicente Mendonça/Arquivo da editora

wongstock/Shutterstock/Glow Images

Exemplo de observação e anotação

Local: Campo Grande

Horário: 19 horas

Banco de imagens/Arquivo da editora

1ª observação

Local: ______________________________

Horário: ______________________________

2ª observação

Local: ______________________________

Horário: ______________________________

3ª observação

Local: ______________________________

Horário: ______________________________

Observação e registro

4. Para que lado apontava o braço mais longo da constelação no início da observação?

____

____

5. À medida que você fazia novas observações, o que notou em relação à posição do braço maior? Em sua opinião, por que isso ocorreu?

____

____

____

LEITURA DE IMAGEM

DIFERENTES VISÕES SOBRE O MESMO CÉU

Leia o texto a seguir.

A constelação da Ema

Em relação à constelação da Ema [o padre francês Claude] d'Abbeville [que passou quatro meses com os Tupinambá do Maranhão, em 1612] relatou: "Os Tupinambá conhecem uma constelação denominada *Iandutim*, ou avestruz-branca, formada por estrelas muito grandes e brilhantes, algumas das quais representam um bico. Dizem os maranhenses que ela procura devorar duas outras estrelas que lhes estão juntas e às quais denominam *uirá-upiá*". Ele chamou de avestruz-branca a constelação da Ema, no entanto, a avestruz (*Struthio camelus australis*) não é uma ave brasileira. A ema parece com a avestruz, mas é menor e de família diferente.

Na segunda quinzena de junho, quando a Ema (*guirá nhandu*, em guarani) surge totalmente ao anoitecer, no lado leste, indica o início do inverno para os índios do sul do Brasil e o início da estação seca para os índios do norte do Brasil.

AFONSO, Germano Bruno. *As constelações indígenas brasileiras*. Disponível em: <www.telescopiosnaescola.pro.br/indigenas.pdf>. Acesso em: 20 ago. 2015.

OBSERVE

1

Constelação da Ema, como observada pelo povo indígena Tupinambá.

2

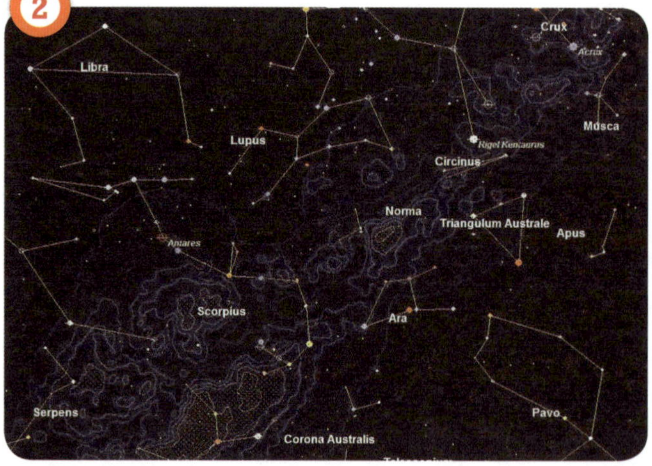

Algumas constelações observadas pelos antigos gregos.

ANALISE

1. As duas imagens das constelações mostram a mesma área do céu? Justifique sua resposta.

2. As partes ligadas por uma linha branca em cada uma das imagens formam desenhos iguais ou diferentes? Quais desenhos você consegue identificar?

3. Qual a importância da constelação identificada pelos Tupinambá na vida cotidiana desse povo?

4. Em sua opinião, por que há representações diferentes para a mesma área do céu?

RELACIONE

- Reúna-se com um colega e pesquisem qual a explicação dada pela Ciência para a formação das chuvas e como culturas antigas explicavam o mesmo fenômeno. Elaborem um quadro em uma folha de papel à parte mostrando as diferenças e as semelhanças nas explicações de cada cultura. No dia marcado pelo professor, compartilhem suas conclusões com os colegas.

CAPÍTULO 2

O PLANETA TERRA

O AR

- Observe atentamente a imagem e identifique os elementos naturais e artificiais que estão representados.

A **atmosfera** é a camada de ar que envolve o planeta. Ela é fundamental para a vida na Terra, pois permite, por exemplo, a respiração de muitos seres vivos. Além disso, ajuda a controlar a temperatura e filtra os raios mais nocivos do Sol.

A atmosfera contém também vapor de água, que forma nuvens, e poeira.

Os ventos, a neve e a chuva são alguns dos fenômenos atmosféricos mais importantes.

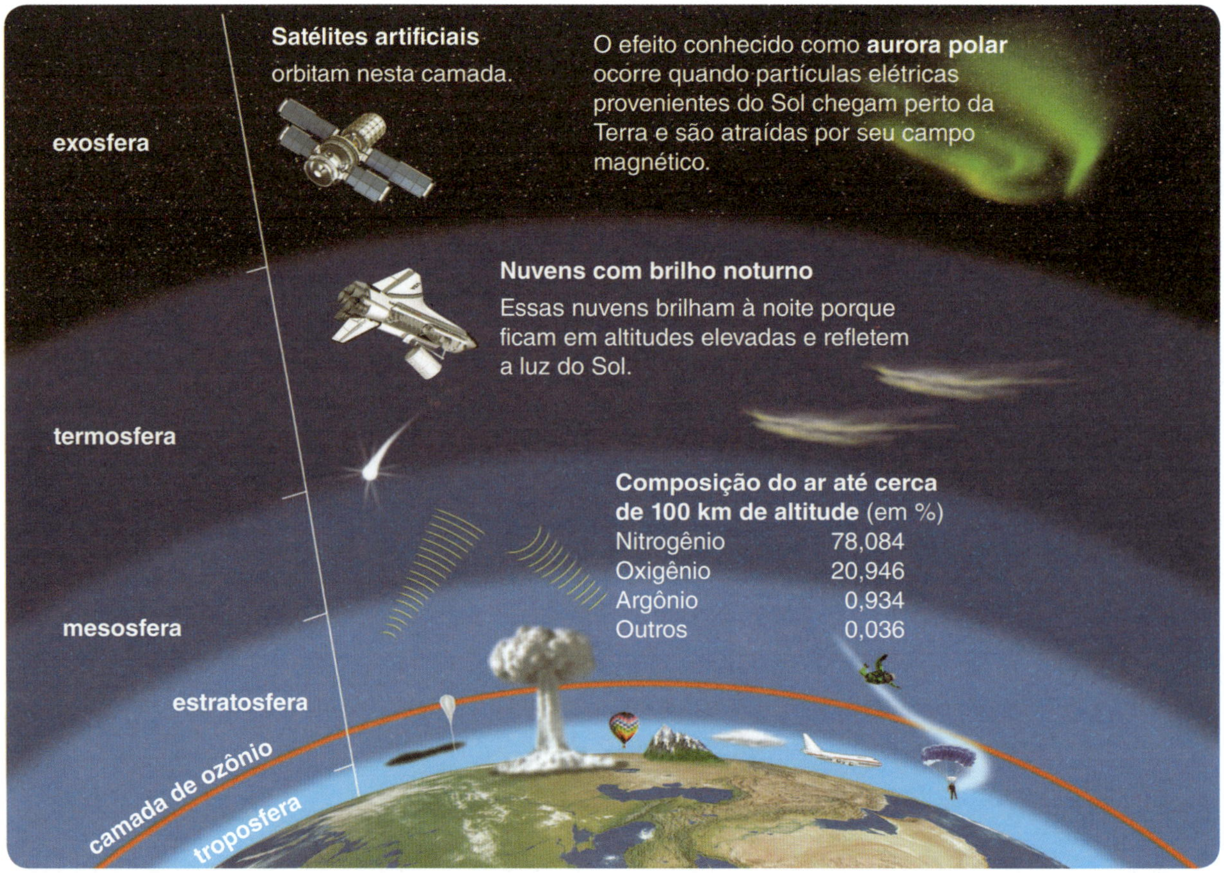

Luís Moura/Arquivo da editora

Observe as imagens desta página. O que elas sugerem?

Nickolay Khoroshkov/Shutterstock

Eugene Sergeev/Shutterstock

Robert Serbinenko/Latinstock

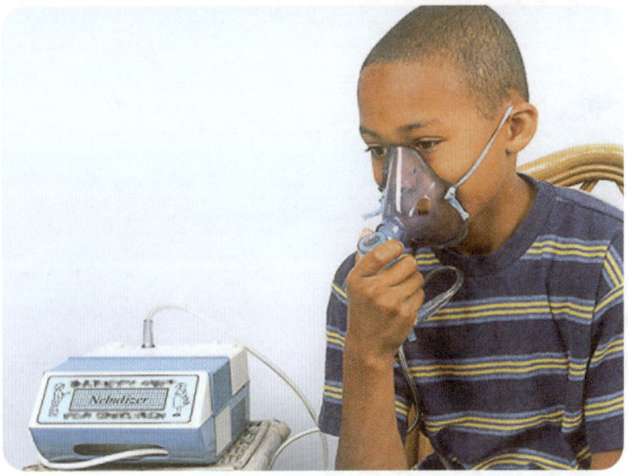

Gary Ombler/Dorling Kindersley/Getty Images

A **poluição da atmosfera**, causada por motores de veículos, indústrias e queimada de florestas, entre outros, tem consequências sérias para a vida no planeta. Os poluentes afetam a saúde de todos os seres vivos, incluindo a das pessoas.

Um dos outros efeitos da poluição no ambiente são as mudanças no clima, por causa do aumento de temperatura e da maior exposição da superfície da Terra a raios solares.

A diminuição da emissão de gases poluentes e a conservação das áreas verdes são algumas medidas que ajudam a reduzir a poluição da atmosfera.

- **Que atitudes você e sua comunidade podem tomar para melhorar a qualidade do ar?**

Mel-nik/Shutterstock

A ÁGUA

Quando Yuri Gagarin, o primeiro homem a fazer uma viagem espacial, observou a Terra do espaço, ele disse: “A Terra é azul!”.

Uma das razões para a Terra ser azul é que a sua atmosfera dispersa parte da luz vinda do Sol. Além disso, a Terra tem grande parte de sua superfície coberta de água, que parece azul por refletir o azul do céu.

Ilustração representando a nave Vostok 1, que levou o cosmonauta Yuri Gagarin ao espaço.

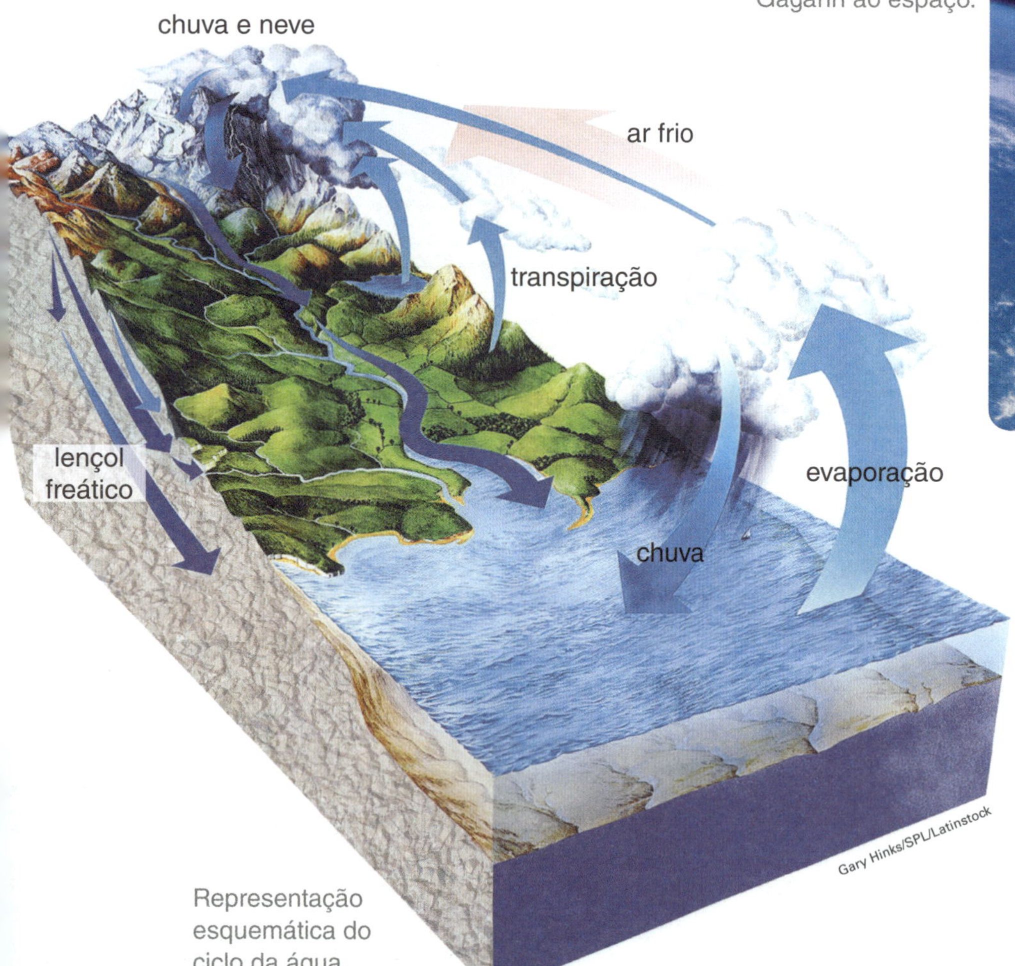

Representação esquemática do ciclo da água.

A água está presente em oceanos, lagos, rios, geleiras e subsolos. Também existe água no corpo dos seres vivos e, ainda, na atmosfera, por exemplo, na forma de vapor e de nuvens.

Veja no esquema ao lado como a água circula no ambiente, passando pelos seres vivos e pelos elementos que não têm vida.

- **Considerando o que você estudou até agora, cite pelo menos três fatores fundamentais para a vida no planeta Terra.**

Tâmisa: este rio é a maior limpeza

O rio Tâmisa, cartão-postal de Londres (Inglaterra), já foi tão poluído que chegou a ser dado como “morto”. Hoje está de novo limpo e vivo, a ponto de se poder nadar ou pescar nele. Mark Lloyd, diretor da Thames21, dá algumas pistas de como isso foi possível.

O que foi feito para resolver o problema?

Tratamento de águas pluviais e de esgotos, com endurecimento das normas impostas às indústrias poluidoras. A poluição das águas vinha de muitas fontes. Fábricas, residências, plantações, jardins, carros, depósitos de lixo e ferro-velho, aterros, poluição atmosférica, águas pluviais, desflorestamento, tudo isso ia parar no rio. Hoje não é mais assim. E existe uma empresa privada responsável pelo fornecimento de água e tratamento de esgotos, que cumpre normas estritas de qualidade. Há várias estações de tratamento e a água que sai delas é sempre testada para que se verifique se está no padrão. [...]

Só isso basta?

Não, claro que não. A coisa mais importante, em minha opinião, é a população trabalhando junto. A poluição da água é um problema enorme, complexo e tem causas bem diferentes. Portanto, é essencial que envolva o governo, as empresas e, principalmente, a comunidade, de maneira que todos sintam que estão fazendo as coisas juntos. Porque, a rigor, o trabalho de despoluição não acaba nunca. [...]

CAPELAS JR., Afonso. O azul da Terra. *Superinteressante*. São Paulo: Abril, jun. 2011. Disponível em: <http://super.abril.com.br/ciencia/azul-terra-442098.shtml>. Acesso em: 19 abr. 2014.

- De acordo com o entrevistado, de quem é a responsabilidade pela despoluição do rio Tâmisa? Discuta com um colega.

Lebin Yuriy/Shutterstock/Glow Images

AS CAMADAS DA TERRA

O ser humano ainda não conseguiu ver como é a Terra inteira por dentro, mas os cientistas já sabem muitas coisas a respeito do interior do planeta. Isso é possível pelo estudo das rochas, dos meteoros, dos vulcões e dos terremotos.

Sabe-se, por exemplo, que a Terra tem diferentes camadas, veja o esquema abaixo.

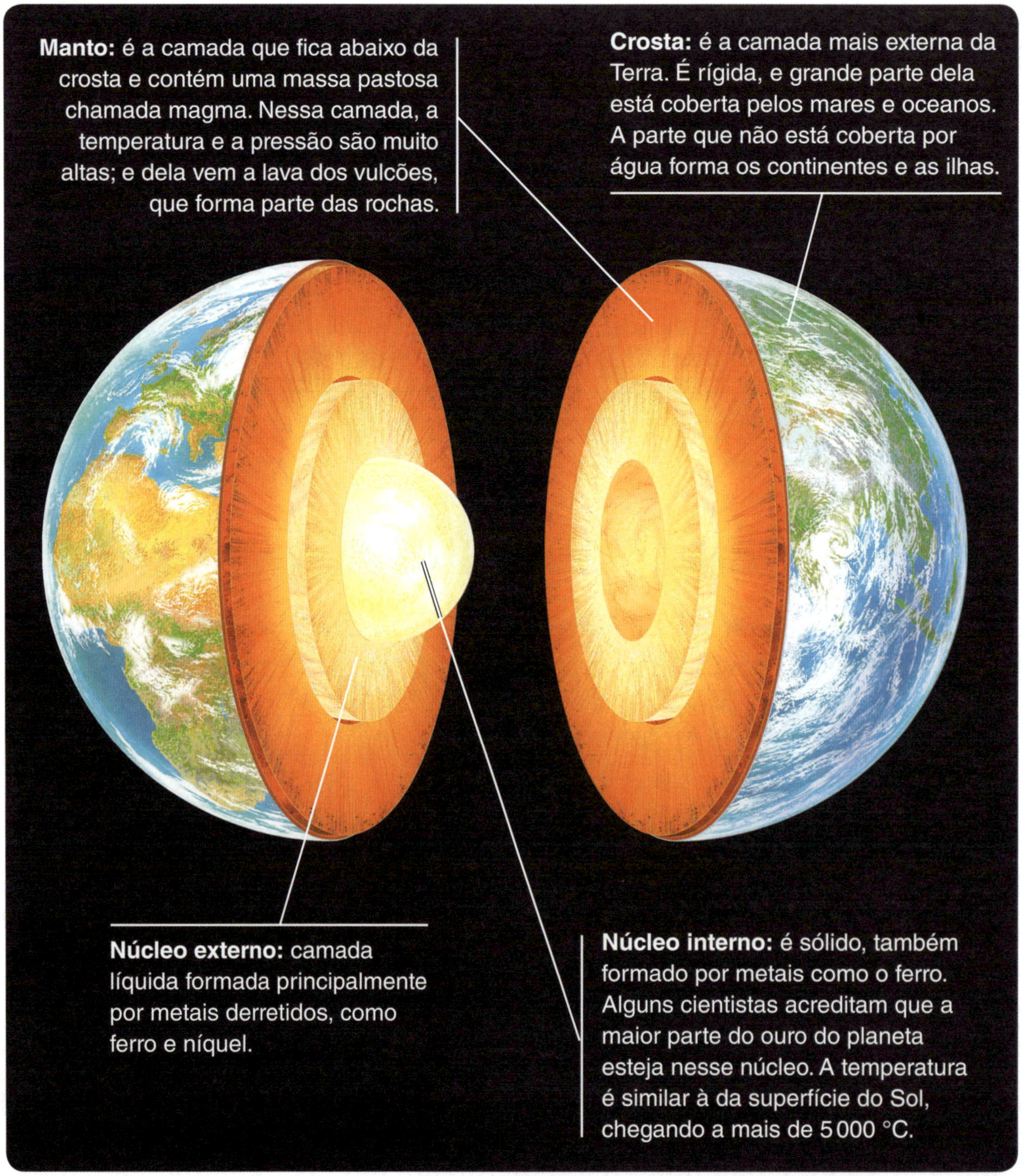

SPL/Latinstock

Mesmo as escavações mais profundas já feitas pelo ser humano nunca ultrapassaram a crosta terrestre e, portanto, ainda não chegaram ao manto. Mas em breve os cientistas devem conseguir. Leia a notícia a seguir.

Missão quer chegar até o centro da Terra em 2020

Um grupo internacional de cientistas planeja missão de 1 bilhão de dólares para perfurar a crosta terrestre e chegar ao manto. Com isso, pretendem decifrar antigos mistérios sobre a formação de nosso planeta.

No dia 9 de setembro de 2012, o navio japonês Chikyu escavou um buraco de 2466 metros no fundo do mar e retirou amostras de rochas para pesquisas sobre o interior de nosso planeta. É a maior profundidade já atingida por uma missão científica e o mais próximo do manto terrestre que o homem já chegou. No entanto, segundo os cientistas responsáveis pelo projeto, essa missão é só um aperitivo de algo muito mais ambicioso.

Até o começo da década de 2020, eles pretendem triplicar essa distância, percorrendo seis quilômetros de rochas duras até atingir o manto terrestre – a camada imediatamente abaixo da crosta, onde podem estar guardados os segredos da formação do planeta e dos limites da vida. A região ainda é um mistério para a ciência.

ROSA, Guilherme. *Veja*. Disponível em: <www.veja.abril.com.br/noticia/ciencia/missao-pretende-atingir-manto-terrestre-ate-2020>. Acesso em: 15 dez. 2015. (Adaptado).

Para atingir o manto do planeta, os tubos de escavação terão de escavar seis quilômetros de rochas duras.

Toshifumi Kitamura/AFP/Getty Images

- **De acordo com o texto, por que essa escavação mais profunda pode ser importante para o nosso planeta?**

QUANDO A TERRA TREME

Alguns fenômenos naturais alteram a superfície terrestre.

- **Identifique os fenômenos representados nas imagens abaixo. Você sabe como eles acontecem? Converse com os colegas e escreva abaixo a resposta.**

Nigel Spiers/Shutterstock

Jiji Press/Agence France-Presse

Sunshine Pics/Shutterstock

A crosta terrestre é dividida em partes chamadas **placas tectônicas**, que flutuam sobre o manto. Essas placas se movimentam até alguns centímetros por ano.

Por causa desses movimentos, as placas podem colidir, se afastar ou deslizar uma ao lado da outra.

Placas tectônicas

1. Placa Sul-Americana
2. Placa de Nazca
3. Placa do Caribe
4. Placa Norte-Americana
5. Placa Africana
6. Placa Arábica
7. Placa Euro-Asiática
8. Placa Indo-Australiana
9. Placa Antártica
10. Placa das Filipinas
11. Placa do Pacífico

- choque de placas (seta verde)
- separação de placas (seta vermelha)
- deslocamento lateral (seta preta)
- vulcões (círculo amarelo)

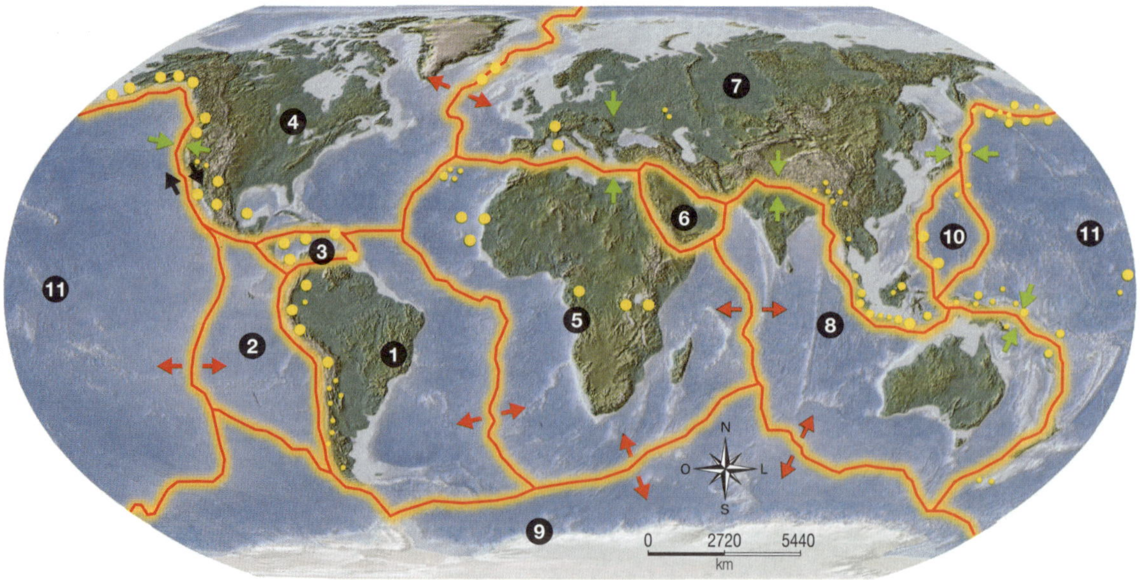

Banco de imagens/Arquivo da editora

Quando as placas se movem, elas podem causar alguns fenômenos naturais perigosos, que podem ocasionar muitos problemas.

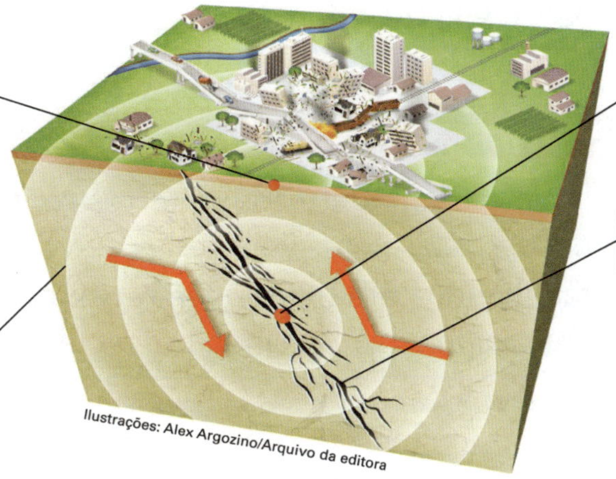

Terremotos são tremores causados por movimentos bruscos entre placas tectônicas.

Tsunamis são ondas gigantescas que podem ser provocadas por movimentos bruscos das placas tectônicas (como os terremotos), queda de meteoros, erupção de vulcões que existem no fundo dos oceanos ou até por grandes deslizamentos de terra ou gelo.

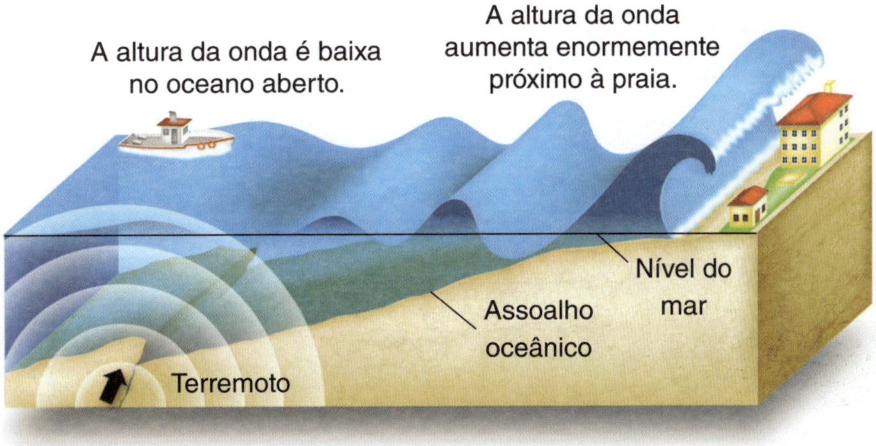

Vulcões são estruturas, geralmente parecidas com montanhas, por onde ocorre a expulsão de magma e de gases do interior da Terra. Eles são mais comuns na região de encontro de duas placas tectônicas.

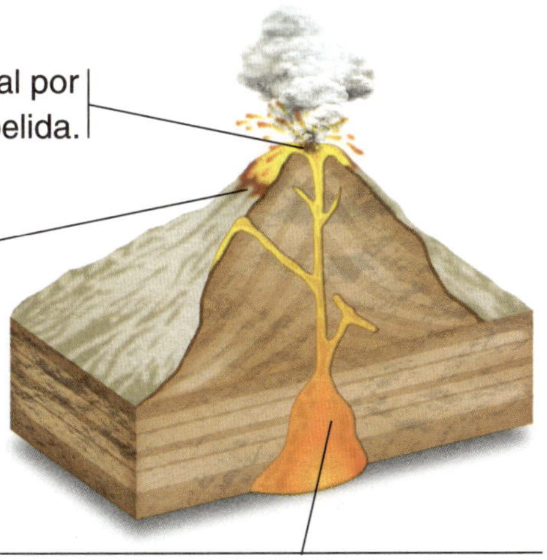

NESTE CAPÍTULO, VOCÊ VIU QUE:

- A atmosfera é a camada de ar que envolve a Terra.
- A Terra apresenta as seguintes camadas: a crosta terrestre, o manto e o núcleo.
- A crosta terrestre é dividida em placas que se movimentam sobre o manto.
- Terremotos, erupção de vulcões e *tsunamis* são fenômenos naturais que alteram a superfície da Terra.

ATIVIDADES DO CAPÍTULO

1. Leia a reportagem a seguir.

Estrelas cadentes: como elas caem do céu?

Sempre que cruzam a atmosfera terrestre, as estrelas cadentes deixam um rastro luminoso – e elas nem são estrelas de verdade.

Você está olhando para o céu e, de repente, surge um rastro de luz! Sinal de que uma estrela cadente, ou melhor, um meteoro acabou de passar.

Como assim?

Muitas rochas (ou meteoroides) vagam pelo espaço e, quando chegam perto da Terra, são atraídas pela força da gravidade. Se atravessam a atmosfera terrestre, as rochas passam a se chamar meteoros. Nesse momento, elas se aquecem, chocam-se com o ar e viram pequenos fragmentos brilhantes.

Por causa da luz que produz, o fenômeno ganhou o nome de estrela cadente.

RECREIO. Disponível em: <http://recreio.uol.com.br/noticias/escola/saiba-tudo-sobre-as-estrelas-cadentes.phtml#.VfgFMtJViko>. Acesso em: 15 set. 2015. (Adaptado).

Jurik Peter/Shutterstock/Glow Images

a) Por que a atmosfera é mencionada na reportagem?

____

____

b) Qual a importância da atmosfera para a vida na Terra?

____

____

____

2. Complete o esquema sobre as camadas da Terra.

Camadas da Terra

Quais são?

Crosta	______________	Núcleo
Como é?	Como é?	Como é?
______________	Camada que fica abaixo da crosta e na qual a temperatura e a pressão são muito altas. Dela vem a lava dos vulcões, que forma parte das rochas.	______________

3. Observe o infográfico ao lado e a legenda.

a) Pesquise em jornais, revistas e na internet a renda *per capita* (valor que cada pessoa ganha por ano, em média) dos lugares indicados no infográfico.

____

____

____

b) Que relação você observou entre os resultados da pesquisa e o consumo de água nesses lugares?

____

____

____

PLANETA SUSTENTÁVEL. Disponível em: <http://planetasustentavel.abril.com.br/download/stand2-painel5-agua-por-pessoa2.pdf>. Acesso em: 18 set. 2015.

Ilustração da quantidade de água gasta por uma pessoa, em um dia, em diferentes países.

ENTENDER E PRATICAR CIÊNCIAS

CONSTRUINDO UM VULCÃO

Nesta atividade vamos criar uma imitação de vulcão em erupção.

MATERIAL

- uma base (pode ser uma tábua de madeira ou de plástico)
- areia ou argila
- uma garrafa de plástico
- um copo ou outro recipiente qualquer
- vinagre
- bicarbonato de sódio
- corante vermelho para alimentos ou tinta guache vermelha

Ilustrações: Vicente Mendonça/Arquivo da editora

Procedimento

1. Pegue a garrafa de plástico e recorte a parte do gargalo para usá-lo como recipiente. Fixe o gargalo numa base de plástico ou madeira.

2. Preencha o recipiente com bicarbonato de sódio.

3. Utilizando argila ou areia, modele um formato de vulcão ao redor da garrafa, tome cuidado para manter a abertura da garrafa livre.

4. Para fazer a "lava" do vulcão, misture o corante e o vinagre no copo.

5. Despeje o vinagre colorido na abertura do vulcão.

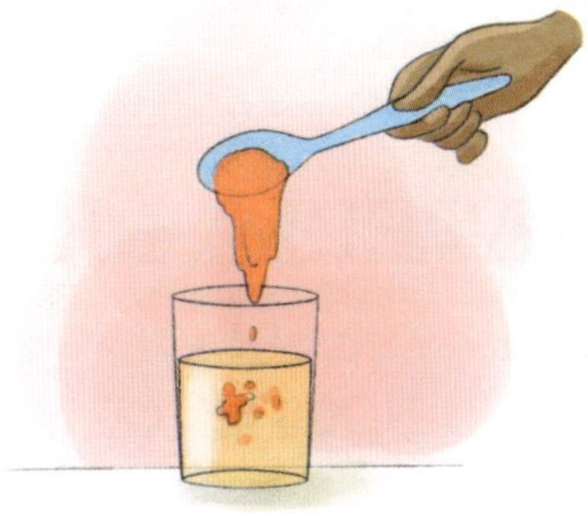

LEVANTANDO HIPÓTESES

- O que você acha que vai acontecer?

Observação e registro

6. Descreva a saída da "lava".

7. O gargalo da garrafa utilizada representa qual estrutura de um vulcão real?

8. A transformação que ocorre quando misturamos vinagre com bicarbonato de sódio é permanente ou temporária?

Conclusão

9. Com base em suas observações e no que você estudou, em que a experiência é semelhante a uma erupção real e em que ela é diferente?

Pesquisa

10. Converse com algum adulto da sua casa e pergunte se ele se lembra de alguma erupção vulcânica que tenha acompanhado no noticiário ou mesmo presenciado. Se necessário, com ele, faça uma pesquisa na internet para descobrir mais detalhes desse evento e anote:

a) o nome do vulcão;

b) o nome do país onde o vulcão se localiza;

c) a data da erupção;

d) como foi a erupção;

e) como essa erupção afetou as comunidades próximas ao vulcão e o que foi feito para ajudá-las.

CAPÍTULO

3

MATÉRIA, MOVIMENTO E GRAVIDADE

ESTADOS FÍSICOS DA MATÉRIA

- **Você sabe quais são os estados físicos da água?**

____

PRILL/Shutterstock/Glow Images

Alguns materiais sólidos são **maleáveis**, como o papel.

Todo material, e não só a água, pode apresentar diferentes **estados físicos**. Os mais comuns em nosso dia a dia são: **sólido**, **líquido** e **gasoso**. Em geral caracterizamos um material pelo estado físico que ele apresenta em condições ambientais normais, ou seja, as condições do ambiente que você conhece no seu cotidiano.

Veja as imagens a seguir e escreva o estado físico dos materiais representados de acordo com as características descritas:

maleáveis: flexíveis.

- **_______________: de modo geral são materiais rígidos e possuem forma definida.**

marre/Shutterstock/Glow Images

Bolas de gude de vidro colorido

- **_______________: tomam a forma do recipiente em que estão. Fora do recipiente, o material nesse estado físico escorre.**

Kamira/Shutterstock/Glow Images

Quando enchemos demais um copo, o excesso de líquido escorre pelos lados e se espalha.

- **_______________: tomam a forma do recipiente em que estão e o ocupam totalmente. Quando liberados, espalham-se pelo ambiente. Em geral são invisíveis.**

Africa Studio/Shutterstock/Glow Images

Os balões estão cheios de ar, que é uma mistura de gases.

Pasta de dentes, sólido ou líquido?

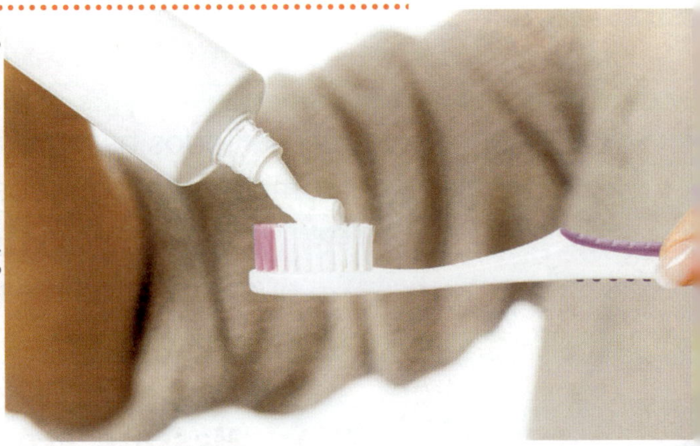

Photographee.eu/Shutterstock/Glow Images

Você sabe que sempre devemos escovar os dentes após as refeições. Se você segue direitinho essa recomendação, então deve conhecer bem a pasta de dentes. Você sabe responder se a pasta é sólida ou líquida?

Para responder a essa questão, vamos analisar algumas propriedades da pasta de dentes:

Observações

1. Observe o tubo de pasta de dentes. Qual é o formato da pasta em seu interior?

   ____

2. Vire a abertura do tubo para baixo sem apertar o tubo. A pasta escorreu? ______________

3. Aperte o tubo com delicadeza sobre uma folha de papel. A pasta escorreu para fora do tubo? ______________

4. A pasta fora do tubo se espalhou pela folha ou manteve um formato definido?

   ____

   ____

5. Com um dedo, aperte a pasta sobre a folha de papel. Ela é rígida? ______________

6. Quando você apertou a pasta sobre a folha de papel, ela se espalhou um pouco?

   ____

Conclusão

- Depois dessas observações, você acha adequado classificar a pasta de dentes como sólido ou como líquido? Justifique.

  ____

  ____

  ____

  ____

PROPRIEDADES DA MATÉRIA

Todos os materiais, não importa em qual estado físico, têm uma coisa em comum: são formados por **matéria**.

Matéria é tudo o que tem volume e massa. Neste capítulo, estudaremos essas duas **propriedades da matéria**.

MASSA

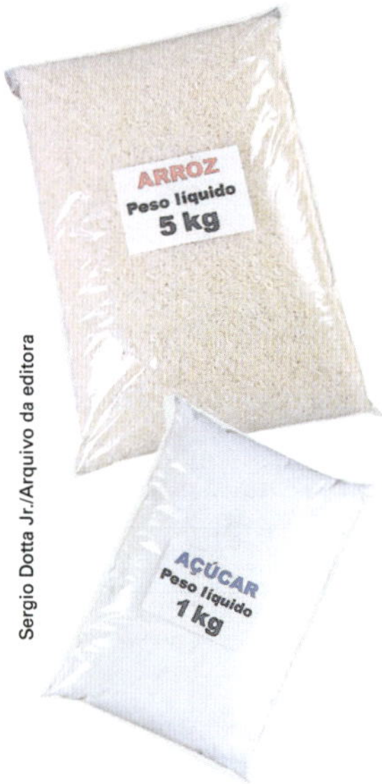

Sergio Dotta Jr./Arquivo da editora

Massa é a quantidade de matéria que existe em um objeto. Uma maneira de saber a massa de um objeto é utilizando uma balança de braços, como a da figura ao lado.

Na figura vemos que a balança está equilibrada, então podemos dizer que os dois objetos possuem a mesma massa, **um quilograma**. (O símbolo **kg** representa quilograma.)

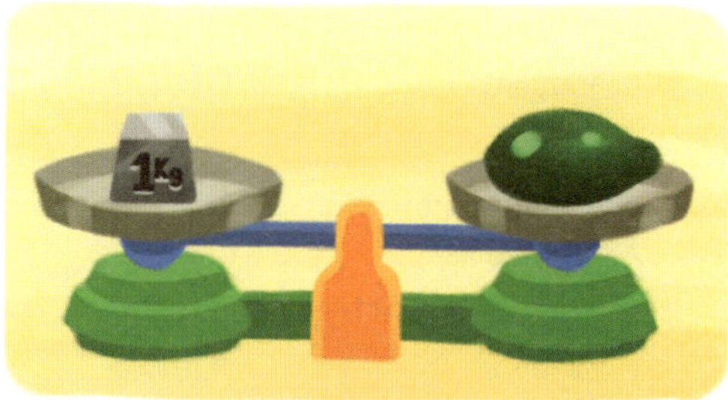

Com uma balança, podemos comparar a massa de dois objetos.

Ilustrações: Priwi/Arquivo da editora

- **Na imagem ao lado, o que tem mais massa: o saco de arroz ou o saco de açúcar?**

VOLUME

A matéria, além de ter massa, também tem **volume**, que é o espaço que um objeto ocupa.

Na imagem abaixo, o volume que cabe dentro das jarras é **um litro**. (O símbolo **L** representa litro.) Portanto, em cada jarra há um litro de leite, já que o leite está ocupando todo o espaço dentro da jarra.

- **O que acontecerá se colocarmos todo o leite de uma das jarras em uma garrafa de dois litros?**

COMPARANDO A MASSA E O VOLUME DOS OBJETOS

Observe a imagem ao lado.

- **Qual dos objetos apresenta maior massa? Como você chegou a essa conclusão?**

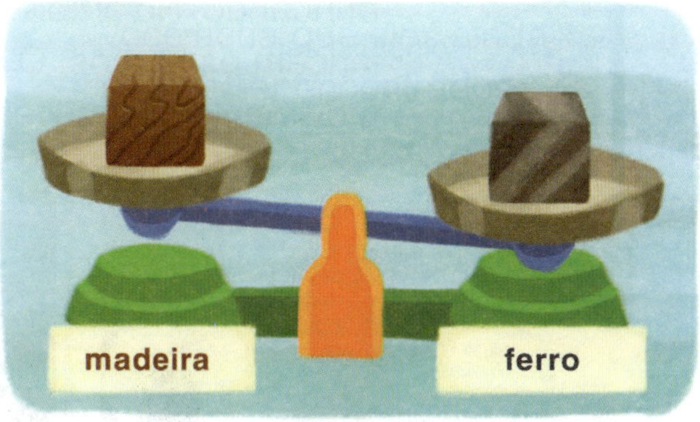

Ilustrações: Priwi/Arquivo da editora

Repare que os dois objetos acima possuem mais ou menos o mesmo volume, mas têm massas diferentes. Isso acontece porque alguns materiais são mais "compactos" do que outros; ou seja, têm uma quantidade maior de matéria para um mesmo volume.

- **O que tem mais massa: meio quilograma de algodão ou meio quilograma de chumbo?**

Objetos com a mesma massa podem ocupar volumes muito diferentes.

Os elementos da imagem não estão em proporção entre si.

Unidades de medida

Quando descrevemos um objeto, podemos indicar sua massa em **quilogramas (kg)** e seu volume em **litros (L)**. Mas há outras maneiras de indicar essas medidas.

Para indicar massa, é comum usar **gramas (g)** quando o objeto é pequeno: um quilograma possui mil gramas.

Para volume, é comum indicar quantidades pequenas em **mililitros (mL)**: um litro possui mil mililitros.

Picsfive/Shutterstock

garrafa

Ruslan Kudrin/Shutterstock

saleiro

Zhukov Oleg/Shutterstock

frasco de colírio

Um pequeno saleiro contém alguns gramas de sal. Nesta garrafa cabem 500 mL de água, ou seja, meio litro. Dentro do frasco de colírio cabem poucos mililitros.

FORÇA

Nós nos movimentamos o tempo todo: respirando, escrevendo, andando, brincando. No ambiente, os rios correm para o mar, e o mar forma ondas que balançam os barcos. O ar forma os ventos, que balançam os galhos das árvores e movimentam as nuvens. No espaço, os planetas e outros astros se movimentam.

Zurijeta/Shutterstock

Jose Marques Lopes/Shutterstock

Behindlens/Shutterstock

Ao empurrar um carrinho de supermercado, chutar uma bola ou abrir a tampa de uma garrafa, você aplica força sobre esses objetos e os coloca em movimento. A força faz um objeto parado entrar em movimento.

Monkey Business Images/Shutterstock

Muzsy/Shutterstock

Laborant/Shutterstock

Para parar um objeto em movimento, também é necessário aplicar força sobre ele. Quando um jogador recebe uma bola, ele faz força para ela parar. Essa força é contrária ao sentido do movimento da bola.

Agora, observe as situações abaixo.

Nesse primeiro caso, as pessoas estão aplicando força em sentidos opostos. Se a força for igual dos dois lados, a caixa não vai se mover.

Torontonian/Alamy/Latinstock

Para parar a bola a jogadora de basquetebol em cadeira de rodas precisa aplicar nela a mesma força que foi aplicada pela companheira que a arremessou.

Priwi/Arquivo da editora

No segundo caso, cada criança puxa a corda com uma força. Essas forças todas se somam em cada ponta da corda. Ganha o lado que puxar com mais força.

David Maska/Shutterstock/Glow Images

MOVIMENTO

Observe a imagem abaixo.

- **Quais elementos da ilustração estão em movimento?**

Ilustrações: Priwi/Arquivo da editora

O ônibus está andando. Além disso, para as pessoas na calçada, as crianças que estão dentro do ônibus também estão se afastando. Portanto, as crianças também estão em movimento, junto com o ônibus.

Agora, veja esta outra cena.

- **Quem está em movimento na cena abaixo?**

Para quem está dentro do ônibus, é o veículo que se move. No entanto, quem está do lado de fora, na calçada, vê todas as crianças se movendo com o ônibus.

E então? As crianças estão paradas ou em movimento?

Para afirmar que um objeto está em movimento ou está parado, precisamos dar outros objetos como referência.

- **Reveja as ilustrações anteriores e diga quem está em movimento ou está parado, utilizando diferentes pontos de referência.**

Observe a ilustração abaixo. Imagine que Pedro e Renata estejam saindo de casa para ir à biblioteca. Pedro tem de passar também no mercado.

Shutterstock/Arquivo da editora

- **Descreva o caminho de Pedro e de Renata. Qual dos dois caminhos é mais longo? Quem vai chegar primeiro?**

Para descrever o caminho de Renata, por exemplo, podemos dizer: ela saiu de casa e andou 20 metros para a esquerda; virou à direita e andou 100 metros; por fim, virou de novo à direita e andou mais 20 metros.

Essa é uma das maneiras de descrever o movimento dos objetos: dizer a distância percorrida e as mudanças de direção e sentido.

- **Agora, suponha que Andréa faça o mesmo caminho que Renata, mas usando uma bicicleta. Qual delas vai chegar antes à biblioteca? Por quê?**

Priwi/Arquivo da editora

GRAVIDADE

- O que acontecerá com a bola quando a pessoa soltá-la? E o que acontecerá com a bola quando for arremessada? Por que isso acontece?

Ilustrações: Priwi/Arquivo da editora

As coisas que soltamos no ar caem no chão. De maneira semelhante, quando jogamos uma bola para o alto, ela sobe um pouco, mas logo cai de volta.

Isso acontece porque a Terra exerce uma força que atrai a matéria que está ao seu redor. Essa força se chama **gravidade**.

Sem a gravidade, as coisas não cairiam no chão. Uma pedra solta no ar ficaria flutuando. E, quando pulássemos, continuaríamos indo para o alto, sem cair.

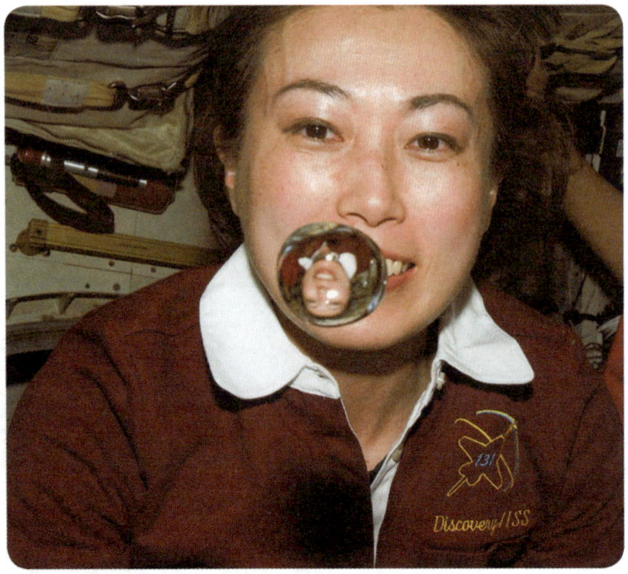

Action Press/Keystone

Astronauta japonesa Naoko Yamazaki observa a água flutuando no interior da Estação Espacial Internacional, em 2010.

Um bom exemplo da atuação da força da gravidade pode ser observado com a água e outros líquidos: na Terra, quando você os despeja de um recipiente, eles se espalham.

Imagine fazer isso no espaço. O que você acha que aconteceria com a água derramada, por exemplo? Esse mesmo gesto numa nave espacial em órbita da Terra, onde os efeitos da gravidade não são percebidos, teria um resultado muito diferente: a água se juntaria, formando uma esfera.

PESO

- **Observe a figura ao lado. Para manter os pesos no alto, a menina tem de fazer força para cima. Mas quanta força é preciso fazer?**

Photology1971/Shutterstock/ Glow Images

Vimos que a gravidade "puxa para baixo" tudo o que tem massa. A força com que cada objeto é puxado recebe o nome de **peso**.

Para manter um objeto no ar, é preciso fazer uma força igual ao peso, mas no sentido contrário. Quanto maior a massa do objeto, maior o seu peso e, portanto, maior a força necessária.

A GRAVIDADE NO UNIVERSO

Não é só na Terra que há gravidade. Em outros corpos celestes também há. A gravidade do Sol, por exemplo, é o que mantém os planetas e outros corpos celestes do Sistema Solar girando ao redor dele.

Quanto maior a massa de um corpo celeste, maior a gravidade que ele exerce. Por isso, a gravidade do Sol é muito maior do que a da Terra. Por outro lado, na Lua a gravidade é menor. Portanto, um objeto na superfície da Lua pesa menos do que na da Terra.

NESTE CAPÍTULO, VOCÊ VIU QUE:

- Matéria é aquilo que ocupa lugar no espaço e tem massa.
- Movimento é o deslocamento de um corpo no espaço.
- Para que um corpo parado passe a se movimentar, é preciso que uma força seja aplicada sobre ele.
- A gravidade é uma força de atração entre corpos.

ATIVIDADES DO CAPÍTULO

1. Observe o ambiente ao seu redor e escreva quatro exemplos de coisas feitas de matéria.

____

____

2. Quais características dos itens que você escreveu comprovam que eles podem ser considerados matéria?

____

____

3. Circule o elemento que não é constituído por matéria.

mesa   pensamento   armário   televisão   lápis

4. Observe a imagem.

Dia de domingo, óleo sobre tela, de Bárbara Rochlitz.

Escreva o nome de três movimentos possíveis de serem identificados na pintura.

____

____

____

____

____

____

5. Leia a história em quadrinhos.

Você concorda com a resposta que Cascão deu para Cebolinha? Explique.

____

____

____

6. Escreva **V** para as frases verdadeiras e **F** para as frases falsas.

- [ ] Chamamos de matéria somente o que é visível.
- [ ] O peso de um objeto depende da ação da gravidade.
- [ ] Quanto maior a massa de um objeto, maior é a força necessária para mantê-lo suspenso.

7. Veja a imagem abaixo. Por que o astronauta tem essa sensação?

____

____

ENTENDER E PRATICAR CIÊNCIAS

A FORÇA DA GRAVIDADE

MATERIAL

- objetos de forma e tamanho iguais, mas com diferentes massas (por exemplo, bola de borracha e bola de isopor)
- objetos de massa igual, mas com forma e tamanho diferentes (por exemplo, pasta e borracha)
- duas folhas de papel
- balança e régua

Procedimento

1. Trabalhe em grupo com mais dois alunos.
2. Um de vocês segura dois dos objetos em determinada altura. Os outros dois ficam embaixo, observando a queda dos objetos e fazendo o registro no caderno.
3. Quando todos estiverem prontos, o aluno que está de pé poderá soltar os dois objetos ao mesmo tempo. Os outros dois alunos vão observar o que acontece. Esta experiência deve ser realizada diversas vezes, comparando os objetos com massa igual e tamanho diferente, e depois objetos de tamanho igual, mas massa diferente.

LEVANTANDO HIPÓTESES

- Qual objeto você acha que chegará ao chão primeiro? E qual vai demorar mais?
- O que você acha que influencia no tempo de queda de um objeto?

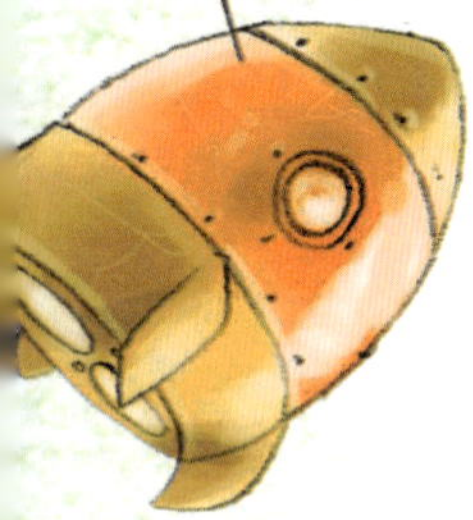

4. Em seguida, soltem, ao mesmo tempo, uma folha de papel aberta e uma folha de papel amassada como uma bola.

Observação e registro

5. Todos os objetos levaram o mesmo tempo para cair?

6. Os dois objetos com tamanho igual e massas diferentes chegaram ao chão ao mesmo tempo?

7. Os dois objetos com tamanhos diferentes e mesma massa chegaram ao chão ao mesmo tempo?

8. Houve diferença na velocidade da queda da folha de papel, quando jogada aberta ou amassada?

9. O que podemos concluir com isso? Registre suas observações e sua conclusão no caderno.

Pesquisa

Leia este trecho de uma reportagem sobre o efeito da falta de gravidade no organismo humano e depois faça o que se pede.

> Os astronautas que passam longos períodos no espaço, onde a gravidade é quase nula, sofrem de enjoos, desorientação e insônia. A falta de gravidade também altera a circulação sanguínea, causa descalcificação dos ossos e atrofia dos músculos. Alguns microrganismos, como a salmonela, tornam-se mais agressivos quando vivem em ambientes quase sem gravidade.
>
> Como funciona o cosmo. *Veja Especial*. 25 jun. 2008. p. 114-122. Disponível em: <http://veja.abril.com.br/250608/p_114.shtml>. Acesso em: 30 set. 2015.

Ilustrações: Vicente Mendonça/Arquivo da editora

Proponha uma explicação do porquê de o treinamento de astronautas incluir um ótimo preparo físico.

LER E ENTENDER

COMO VIVE UM ASTRONAUTA NO ESPAÇO

Você já pensou em viajar para o espaço? Tomar banho, comer... Seria fácil?

O astronauta brasileiro Marcos Pontes ficou cerca de 20 dias em missão no espaço e contou, em entrevista para um jornal, como foi essa experiência.

Depois das nuvens

Estadinho: Como você foi parar no espaço?

Marcos Pontes: Em 1998, a Nasa precisava selecionar um candidato para ser astronauta. Meu irmão viu um anúncio no jornal e me mostrou. [...] Prestei o concurso público e fui selecionado. Por dois anos, tive muitas aulas práticas e teóricas. [...]

Como é o trabalho por lá?

Você tem de trabalhar muito. Há várias experiências e observações acontecendo ao mesmo tempo. No meu caso, que sou um piloto de missão, eu passo o dia consertando peças, programando aparelhos, arrumando tudo para que a Estação Espacial Internacional esteja sempre em ordem.

Como é ficar flutuando?

Muito legal! Você não sente peso sobre o corpo e pode brincar com as comidas e bebidas. Imagine que, se você jogar um suco pra cima, ele se transforma em uma bolha de ar, que não estoura. Para beber o líquido, tem de puxar com um canudo.

E para tomar banho?

Só com lencinhos umedecidos. [...]

O que é feito com o lixo, inclusive do banheiro?

Tudo fica vedado na nave, para não sair flutuando atrás da gente. A cada dois dias, uma outra nave, automática, encaixa na nossa para distribuir alimentos e *kit* de higiene. Aproveitamos o tempo que ela fica acoplada para colocar todo o lixo dentro dela. Ela passa cerca de dois meses no espaço fazendo essas funções de serviço até que volta para a atmosfera. Porém, no caminho, por conta da temperatura, ela vai se autodestruindo até não sobrar nada.

Nossa! E todas essas coisas não dão medo?

Um pouco. Mas a gente tem anos de treinamento e sabe lidar com tudo ali, inclusive emocionalmente. A tendência é ficar muito focado no trabalho. Até a hora do almoço e da janta são obrigatórias, pois é quando paramos o que estamos fazendo para conversar, socializar. [...] É emocionante.

CARAMICO, Thais. Depois das nuvens. *O Estado de S. Paulo*, maio 2011. Disponível em: <http://blogs.estadao.com.br/estadinho/2011/05/14/depois-das-nuvens/>. Acesso em: 26 ago. 2015.

Wilson Dias/ABr/Radiobrás

ANALISE

1. Observe a forma do texto. É possível saber, pela forma, que se trata de uma entrevista? Por quê?

2. No texto lido, na resposta à primeira pergunta, aparece o nome do astronauta: Marcos Pontes. Na sua opinião, por que o nome não aparece também no início das outras respostas?

3. De acordo com as informações do texto, é preciso estudar bastante para ser astronauta de uma estação espacial?

RELACIONE

4. Na estação espacial, se o astronauta joga o suco para cima, o líquido não cai. Lembre o que você aprendeu sobre gravidade e tente explicar por que o suco não cai.

5. O que acontece com a nave que recolhe o lixo na estação ao entrar na atmosfera da Terra? Por que isso ocorre?

6. Se você fosse um repórter, quem entrevistaria?

O QUE APRENDI?

1. A imagem que abre esta Unidade representa o Sistema Solar, um dos muitos sistemas solares que compõem a Via Láctea. Observe novamente a imagem e responda às questões a seguir.

Os elementos da imagem não estão em proporção entre si.

Nasa/JPL/SPL DC/Latinstock

a) Cite alguns dos corpos celestes que fazem parte do nosso Sistema Solar.

____

b) Além do Sistema Solar, o que podemos observar na imagem?

____

____

c) Na imagem, a Terra está iluminada pelo Sol. O que isso significa para as pessoas que estão no lado iluminado? E para aquelas que estão no lado escuro?

____

2. Numere as frases de acordo com a palavra correspondente.

1 Gravidade	4 Atmosfera	7 Placas tectônicas
2 Crosta terrestre	5 Massa	8 Volume
3 Via Láctea	6 Lua	

- [ ] Galáxia onde o Sistema Solar está localizado.
- [ ] Satélite natural da Terra.
- [ ] Camada de ar que envolve a Terra.
- [ ] Camada sólida mais externa da Terra. Nessa camada, estão os continentes e as ilhas.
- [ ] Divisões da crosta terrestre que se movimentam lentamente. Essa movimentação pode causar terremotos e *tsunamis*, por exemplo.
- [ ] Quantidade de matéria que existe em um corpo. O peso de um objeto está associado a essa quantidade de matéria.
- [ ] Espaço que um corpo ocupa.
- [ ] Força de atração exercida pela Terra sobre a matéria.

3. Este é o momento de pensar no que você aprendeu nesta Unidade. Indique com um **X** na tabela.

Conteúdos estudados	Compreendi este conteúdo	Fiquei com algumas dúvidas e preciso retomar	Não compreendi e preciso retomar
Capítulo 1 Sistema Solar, Terra e Lua			
Capítulo 2 O ar, a água, as camadas da Terra			
Capítulo 3 Matéria, movimento e gravidade			

Converse com os colegas e o professor para entender melhor o seu aproveitamento e, assim, iniciar o estudo da próxima Unidade.

UNIDADE 2

OS SERES VIVOS

Moviestore Collection Ltd./Easypix

- Você reconhece os animais desta imagem?
- Você acha que eles ainda podem ser encontrados vivos na Terra?
- Alguns animais que você conhece são parecidos com os da imagem? Quais?

CAPÍTULO

4 A HISTÓRIA DA VIDA

OS FÓSSEIS

- **Você sabe por que os cientistas podem afirmar que antigamente existiam seres vivos diferentes dos que existem hoje?**

____

____

Bennyartist/Shutterstock/Glow Images

Modelo de um fóssil.

Natursports/Shutterstock/Glow Images

Cientistas realizando escavações em busca de fósseis.

Você já deve ter ouvido falar em dinossauros, não é mesmo? Sabemos que eles existiram porque há restos desses animais em diferentes regiões do planeta. Esses restos ou vestígios de seres vivos (pegadas, impressões, ovos, fezes, etc.) são encontrados em determinado tipo de rocha e recebem o nome de **fósseis**.

A Paleontologia é a ciência que estuda os fósseis. Os cientistas que estudam fósseis recebem o nome de paleontólogos.

Os paleontólogos retiram restos de organismos enterrados com base em pistas. Para isso, fazem escavações tomando grande cuidado para não estragar possíveis fósseis. Depois, o material coletado é analisado em laboratório e, em alguns casos, o ser fossilizado pode até ser reconstruído, como em um jogo de quebra-cabeça.

Joseph Nettis/Photo Researchers, Inc./Latinstock

Cientista em laboratório estudando fóssil.

• Como os fósseis são formados? Registre suas hipóteses no caderno.

O estudo dos organismos fossilizados é de grande importância para a compreensão da história da Terra e da evolução dos seres vivos.

Veja na ilustração um exemplo de formação de fóssil.

Os elementos das imagens não estão em proporção entre si.

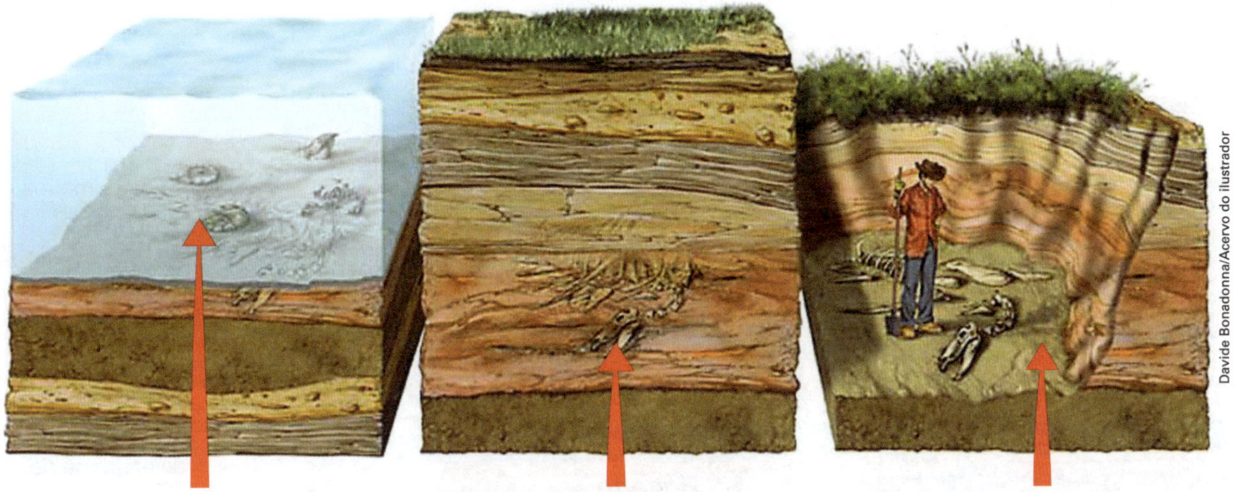

O animal morre e é rapidamente coberto por terra. Na ilustração acima, por exemplo, o animal caiu no fundo de um lago. Em condições especiais, começa a formação do fóssil.

O animal pode deixar marcas na terra, antes de entrar em decomposição. Também é possível que partes do corpo sejam substituídas por minerais. O fóssil está formado.

Com o passar do tempo, outras camadas de terra se acumulam sobre o fóssil. Milhares de anos depois, um pesquisador pode desenterrar o fóssil.

decomposição: transformação de restos de organismos em substâncias simples, que são incorporadas ao solo.

Escondidos na fazenda

Imagine estar brincando no seu quintal e encontrar ossos de dinossauros. Foi mais ou menos isso o que aconteceu na cidade de Agudo, no Rio Grande do Sul. Enquanto trabalhava em uma fazenda, o pedreiro Olímpio Neu achou nada menos que três esqueletos desses animais pré-históricos!

Neu e o dono da propriedade não pensaram duas vezes e chamaram pesquisadores da Universidade Federal do Pampa. O paleontólogo Sérgio Dias da Silva estava nesse grupo e conta que os animais encontrados são da mesma espécie e dois deles estão praticamente completos – uma raridade em termos de achados paleontológicos.

Os dinossauros tinham dois metros de altura e três de comprimento, do focinho até a cauda. [...] “Primeiro, vamos tirar os ossos do bloco de rocha e limpá-los, o que deve demorar, mais ou menos, um ano”, conta Sérgio. Só depois dessa etapa será possível conhecer mais detalhes sobre os dinossauros. [...]

HUTFLESZ, Yuri. *Ciência Hoje das Crianças*, 13 fev. 2013.
Disponível em: <http://chc.cienciahoje.uol.com.br/escondidos-na-fazenda>. Acesso em: 27 ago. 2015.

EVOLUÇÃO DOS SERES VIVOS

Os primeiros seres vivos do nosso planeta eram organismos microscópicos, como as bactérias. Ao longo do tempo, novos tipos de organismo surgiram e vários foram extintos.

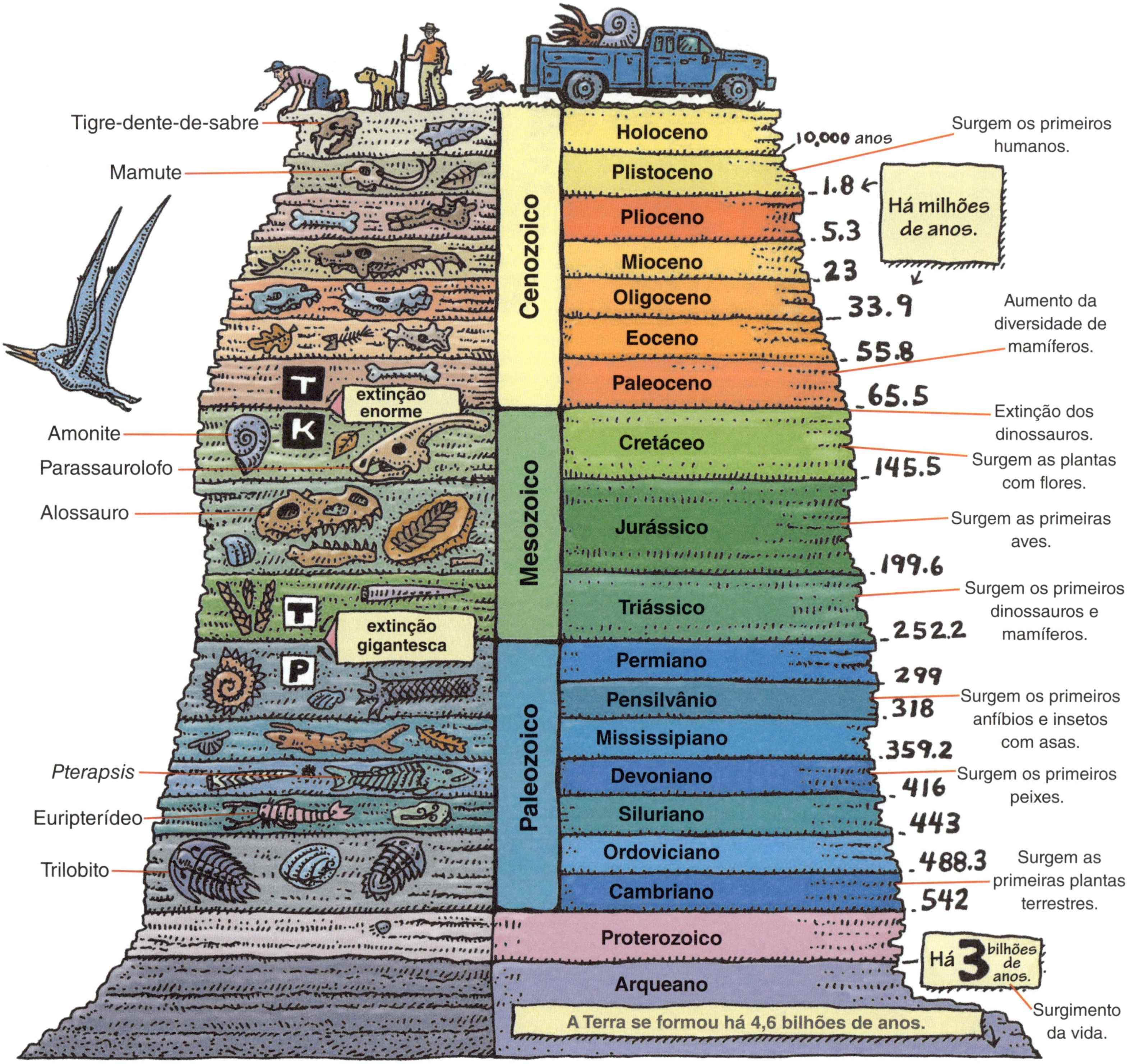

Ray Troll/Acervo do cartunista

A EVOLUÇÃO E O SURGIMENTO DE NOVAS ESPÉCIES

Você sabe por que os seres vivos do passado são diferentes dos de hoje? A resposta é: **evolução biológica**.

A teoria da evolução biológica explica como as espécies se modificam ao longo do tempo de acordo com o ambiente em que vivem. Esse processo de evolução é tão demorado que nem conseguimos percebê-lo em nosso dia a dia.

Para entender como esse processo ocorre, vamos imaginar uma população de camundongos e acompanhar o que acontece com ela ao longo do tempo.

Ilustrações: hchjjl/Shutterstock/Glow Images

1

Uma população de camundongos vive num campo onde o sol é forte o ano todo e existem poucas árvores e sombras. Nessa população encontramos camundongos de três cores: marrons, laranja e brancos. Eles se reproduzem livremente entre si transmitindo suas características para seus filhotes, que formam a próxima geração de camundongos.

2

Vamos imaginar que, por causa do sol forte, a maioria dos camundongos brancos morre muito cedo, antes de se reproduzir e, portanto, não deixa filhotes. Os camundongos laranja e marrons estão protegidos do sol por causa da cor do pelo. Assim, a próxima geração de camundongos terá principalmente características dos camundongos marrons e laranja.

- Agora é com você. No quadro a seguir termine a história dos camundongos e ilustre-a.

3

____

____

____

____

Nessa situação os camundongos laranja e marrons têm mais chances de sobreviver do que os camundongos brancos. Assim é mais vantajoso ser um camundongo colorido do que um camundongo branco. Esse fenômeno, no qual algumas características tendem a se manter enquanto outras tendem a desaparecer, é chamado pelos cientistas de **seleção natural**.

- Imagine que parte dessa população de camundongos se mude para outro ambiente, nevado, onde o sol seja bem mais fraco e com gatos. O que acha que vai acontecer com os camundongos laranja e marrons da população?

____

BIODIVERSIDADE NO PRESENTE

- Você já ouviu falar em biodiversidade? O que você entende por biodiversidade?
- Quantos seres vivos indicados na figura você conhece? Você sabe o nome deles?

Fotos: **[1]** Cathy Keifer/Shutterstock/Glow Images; **[2]** Artens/Shutterstock/Glow Images; **[3]** Stephen McSweeny/Shutterstock/Glow Images; **[4]** David Watts/Corbis/Latinstock; **[5]** Juriah Mosin/Shutterstock/Glow Images; **[6]** NH/Shutterstock/Glow Images; **[7]** Chantal de Bruijne/Shutterstock/Glow Images; **[8]** majeczka/Shutterstock/Glow Images; **[9]** worldswildlifewonders/Shutterstock/Glow Images; **[10]** papkin/Shutterstock/Glow Images; **[11]** Roger Costa Morera/Shutterstock/Glow Images.

Biodiversidade é a variedade de seres vivos encontrada em um local. A biodiversidade da Terra se refere ao conjunto de espécies de seres vivos.

Para estudar os organismos, os cientistas os agrupam de acordo com suas características.

Cada espécie pode ter diferentes variedades, que também são importantes para a biodiversidade. A imagem mostra variedades de milho.

Os elementos das imagens não estão em proporção entre si.

espécie: é o nome dado a um conjunto de seres vivos com as mesmas características.

Adisa/Shutterstock/Glow Images

Boa parte de nossa alimentação vem de produtos agrícolas.

Delfim Martins/Pulsar Imagens

A conservação de ambientes naturais, como as florestas, é muito importante para a biodiversidade.

Os elementos das imagens não estão em proporção entre si.

Marco Antônio Sá/Pulsar Imagens

A atividade da pesca depende da conservação das águas e dos peixes.

Simone Voigt/Shutterstock/Glow Images

Muitos cosméticos e medicamentos são feitos de produtos naturais.

Algumas ações humanas, como o tráfico de animais, as queimadas, os desmatamentos, a mineração e o uso excessivo de recursos naturais, afetam o equilíbrio da natureza e ameaçam a biodiversidade da Terra como um todo.

A sobrevivência da sociedade humana depende da biodiversidade existente na Terra. Por isso preservar o ambiente e a biodiversidade é garantir nossa própria sobrevivência.

NESTE CAPÍTULO, VOCÊ VIU QUE:

- O estudo dos fósseis ajuda a entender a história da vida na Terra.
- A teoria da evolução explica como as espécies vão se modificando e como elas se adaptam ao meio ambiente.
- A biodiversidade é o conjunto de toda a diversidade de seres vivos do planeta.

ATIVIDADES DO CAPÍTULO

1. Observe as imagens abaixo e analise as semelhanças com seres vivos que conhecemos hoje. Escreva embaixo de cada figura o nome do grupo do organismo fossilizado.

Phaitoon Sutunyawatchai/Shutterstock/Glow Images

Layne Kennedy/Corbis/Latinstock

Marcio Jose Bastos Silva/Shutterstock/Glow Images

Cbenjasuwan/Shutterstock/Glow Images

2. Em 2012, políticos de vários países e representantes da sociedade se reuniram no Rio de Janeiro para discutir questões ambientais e sociais. A manutenção da biodiversidade e o compromisso de reduzir o consumo dos recursos naturais foram alguns dos temas discutidos.

- O que você acha que essa imagem representa? Como podemos relacioná-la com os assuntos deste capítulo?

____

____

3. Com um colega, elabore um novo pôster pensando na biodiversidade do nosso país. Usem o espaço abaixo para planejar o trabalho. Depois, em uma folha de papel sulfite, façam o desenho final e mostrem-no para a classe.

ENTENDER E PRATICAR CIÊNCIAS

CONSTRUINDO UM MODELO DE FÓSSIL

Fósseis levam milhares de anos para se formar. Mas você pode usar gesso branco para fazer um modelo em poucos dias.

MATERIAL

- massa de modelar
- um pedaço de cartolina (20 cm de comprimento e 5 cm de largura)
- fita adesiva
- vasilha
- água
- tesoura sem pontas
- colher de sopa
- gesso
- uma folha de planta com nervuras bem evidentes

Procedimento

Montagem do molde

Ilustrações: Vicente Mendonça/Arquivo da editora

1. Pressione a massa de modelar sobre uma superfície plana (mesa, bancada). Sobre a massa de modelar, coloque a folha da planta de forma que a nervura fique impressa.

2. Com a cartolina, faça um anel, unindo as pontas com a fita adesiva. Agora encaixe o anel sobre a massa de modelar, ao redor da folha.

Preparando o gesso

3. Pegue a vasilha e misture a água e o gesso. A proporção é de meio copo de água para cinco colheres de gesso.

5. Retire a folha do fundo do molde feito com massa de modelar.

4. Coloque a mistura de água e gesso dentro do anel de cartolina, de modo que cubra toda a impressão da folha.

6. Espere três dias para que o gesso seque. Depois retire a cartolina. Está pronto seu fóssil vegetal.

Observação e registro

7. O que ficou gravado no gesso?

8. É possível ver detalhes da folha no gesso?

9. Quais características da folha não ficaram gravadas no gesso?

CAPÍTULO

5 AS PLANTAS

GERMINAÇÃO E REPRODUÇÃO

No ciclo natural da vida, os seres nascem, se desenvolvem, podem se reproduzir, envelhecem e morrem. Para que uma espécie continue a existir, é preciso que nasçam novos descendentes dessa espécie, e isso acontece por meio da **reprodução**.

Os elementos das imagens não estão em proporção entre si.

- As imagens desta página dão pistas sobre as maneiras como uma planta pode se reproduzir. Você consegue descrever como isso ocorre?

Vaivirga/Shutterstock/Glow Images

Polinização

A partir de um pedaço da planta, como o caule, algumas plantas podem dar origem a novos indivíduos. Esse tipo de reprodução é chamado de **reprodução assexuada**.

Anuphadit/Shutterstock/Glow Images

Retirada de muda para replantio

Bogdan Wankowicz/Shutterstock/Glow Images

Germinação

Outra forma de reprodução que pode ocorrer entre as plantas é a **reprodução sexuada**. Observe a representação do ciclo reprodutivo de uma planta com flor.

Os elementos da imagem não estão em proporção entre si.

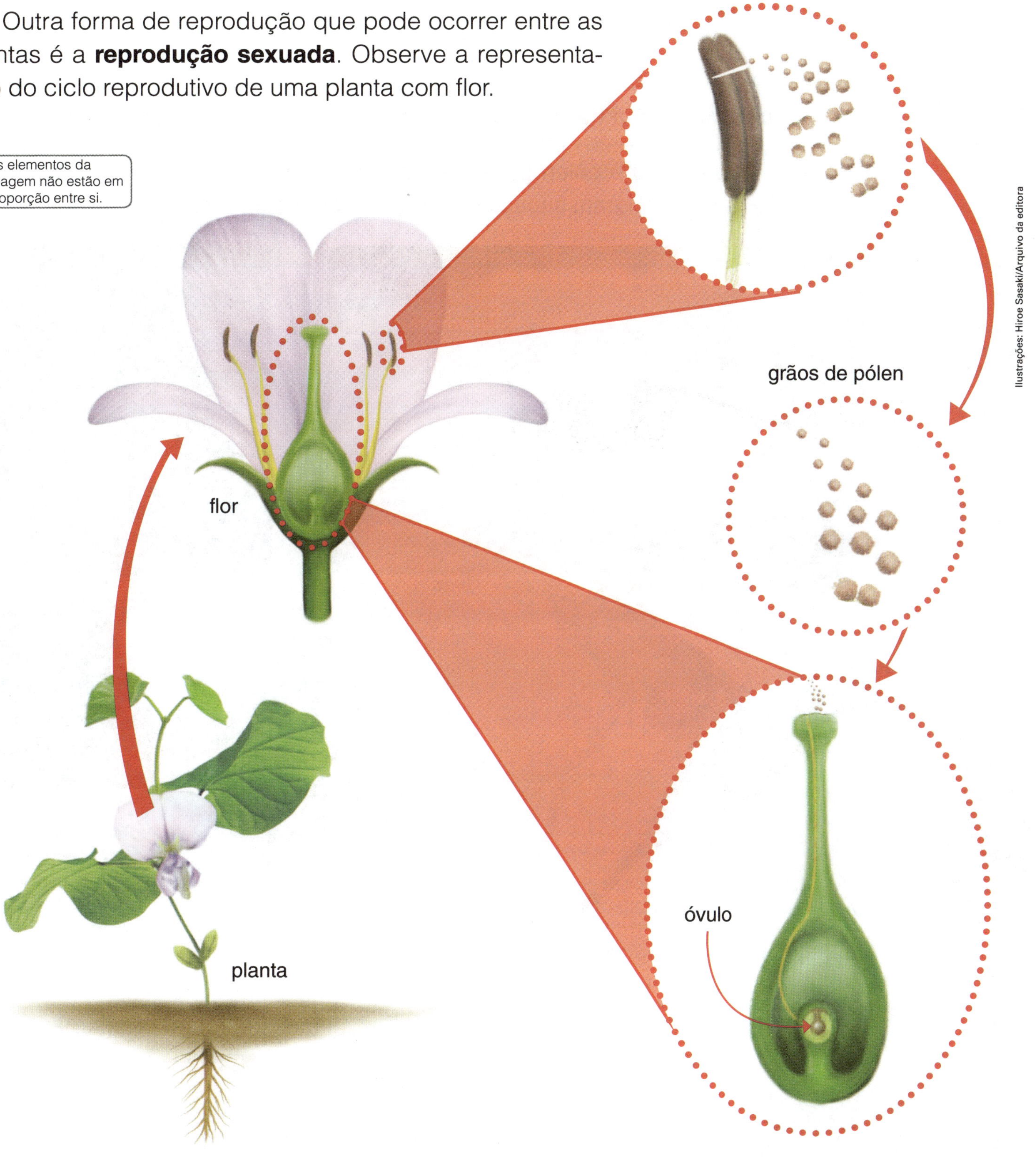

Esse tipo de reprodução é chamado de **reprodução sexuada**, porque envolve as estruturas femininas da flor, como o óvulo, e as estruturas masculinas, como o pólen.

O óvulo é fecundado pelo grão de pólen, dando origem à semente, que contém o embrião de uma nova planta.

POLINIZAÇÃO E DISPERSÃO

A **polinização** é a transferência do pólen para a parte feminina da flor.

- **Você sabe como o pólen pode ser transportado? Discuta com os colegas se vocês já presenciaram situações parecidas com algumas destas abaixo.**

Os elementos das imagens não estão em proporção entre si.

skyfotostock/Shutterstock/Glow Images

Plantas com flores brancas e perfumadas geralmente atraem animais noturnos.

Dr Jeremy Burgess/SPL/Latinstock

Plantas polinizadas pelo vento em geral não atraem animais, e suas flores são pequenas, numerosas e pouco vistosas.

Ondrej Prosicky/Shutterstock/Glow Images

Alguns animais procuram as flores em busca de alimento, que pode ser na forma de néctar e de pólen.

Jitchanamont/Shutterstock/Glow Images

Plantas com flores coloridas geralmente atraem animais durante o dia.

A polinização, ou o transporte de pólen, pode ser feita por seres vivos, como abelhas, borboletas, besouros, morcegos e aves, ou por outros meios, como o vento ou a água.

As plantas polinizadas pelo vento geralmente têm flores pouco chamativas. Por outro lado, as plantas polinizadas por animais são bem vistosas, para chamar a atenção deles, e também fornecem alimento na forma de pólen ou néctar, que é um líquido açucarado.

Após ser polinizada, a planta poderá desenvolver frutos e sementes.

- Como as plantas podem ocupar novos ambientes se elas não andam?

Uma maneira de as plantas conquistarem novos lugares é por meio da **dispersão das sementes**. As sementes podem ser transportadas pelo vento, pela água ou por animais.

Muitas vezes as sementes são engolidas pelos animais que comem os frutos. Ao defecar, os animais liberam as sementes em outros ambientes.

Há também os frutos e as sementes com estruturas que se fixam ao corpo dos animais e, assim, são transportadas.

julianufer/Shutterstock/Glow Images

Algumas sementes são transportadas pelos animais que se alimentam de seus frutos.

- Observe as imagens desta página e identifique como as sementes estão sendo transportadas.

skyfotostock/Shutterstock/Glow Images

O dente-de-leão tem suas pequenas sementes transportadas pelo vento.

Fabio Colombini/Acervo do fotógrafo

O carrapicho gruda nos animais, sendo levado por eles a longas distâncias.

Ethan Daniels/Shutterstock/Glow Images

O coco é uma semente que costuma ser transportada pela água do mar.

FOTOSSÍNTESE

- Do que as plantas precisam para sobreviver? Como elas conseguem alimento? Converse com os colegas sobre isso.
- Desenhe abaixo os elementos que você acredita serem essenciais à sobrevivência das plantas.

As plantas, diferentemente dos animais, não precisam se alimentar de outros seres vivos para conseguir alimento. Elas fabricam o próprio alimento a partir do gás carbônico que existe na atmosfera e da água e dos sais minerais que ela absorve do solo. Mas para isso ela precisa da luz do Sol.

Veja no esquema ao lado como isso acontece.

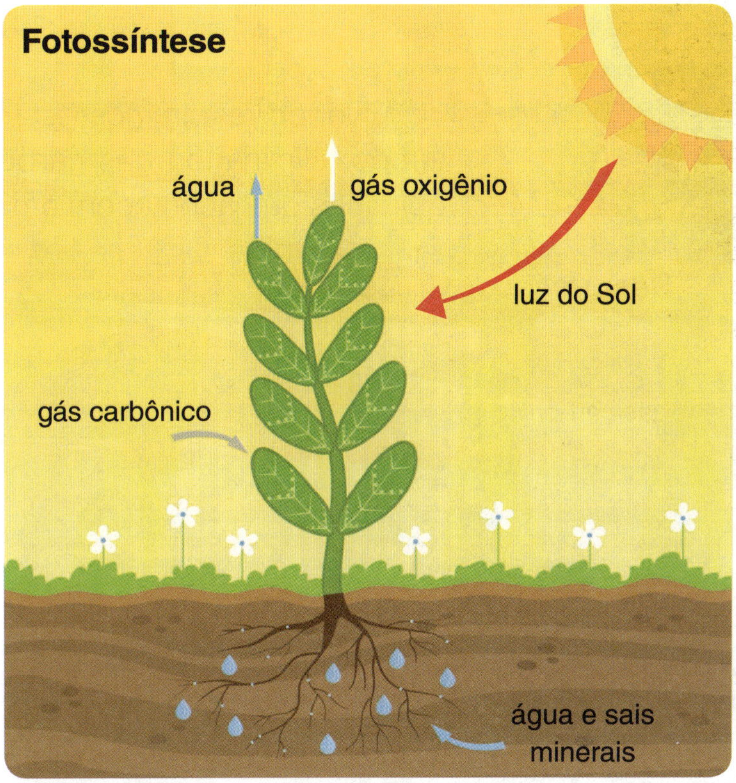

bilha golan/Shutterstock/Glow Images

A água e os sais minerais são retirados do solo pela raiz e chegam até as folhas pelo caule da planta. Nas folhas, há uma substância chamada **clorofila**, que dá cor verde às plantas e absorve parte da luz solar. As folhas absorvem também o ar, que contém gases, como o gás carbônico.

Energia luminosa, água e gás carbônico são utilizados pela planta num processo chamado de **fotossíntese**.

A fotossíntese resulta na produção de um tipo de açúcar chamado **glicose**, que é o alimento das plantas. Com esse alimento a planta consegue se desenvolver.

Além de produzir glicose, a fotossíntese gera gás oxigênio, que é liberado para o ar. Então, a fotossíntese é o processo de transformação do gás carbônico e da água em glicose e gás oxigênio.

Além disso, a maior parte da água que a planta absorve do solo é liberada para a atmosfera na forma de vapor, um fenômeno chamado de **transpiração**.

- **Agora, volte ao desenho que você fez na página anterior e veja se é necessário mudar algo depois dessas informações.**

Quem faz fotossíntese?

Além das plantas, outros seres vivos fazem fotossíntese, como as algas e algumas bactérias.

Os animais não fazem fotossíntese, mas todos dependem dela indiretamente. Como não produzem o próprio alimento orgânico, os animais comem plantas ou algas que fazem fotossíntese, ou então comem animais que consomem algas e plantas.

RESPIRAÇÃO, TRANSPIRAÇÃO E ADAPTAÇÕES

Quando respiramos estamos absorvendo gás oxigênio do ar e, ao mesmo tempo, eliminando gás carbônico. Isso acontece por causa de transformações químicas que acontecem em nosso organismo.

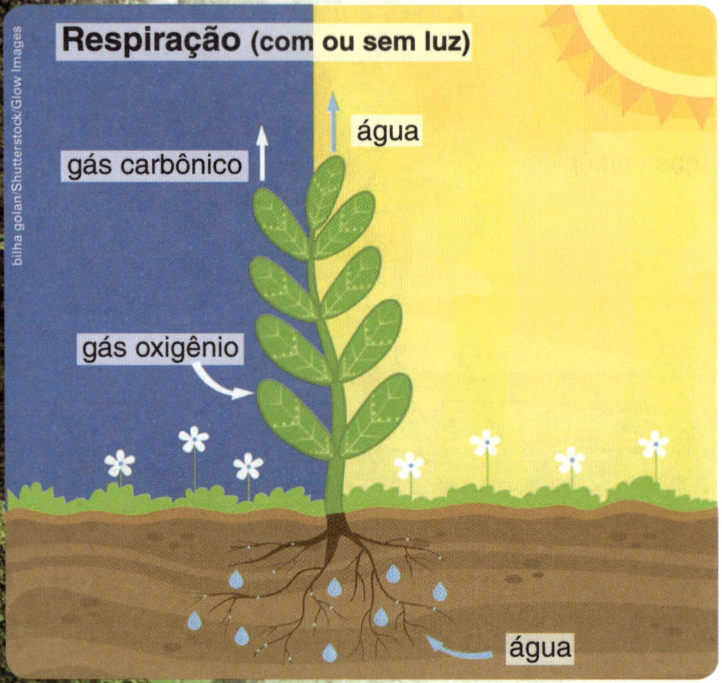

bilha golan/Shutterstock/Glow Images

As plantas também respiram, absorvendo gás oxigênio e eliminando gás carbônico. Esse processo é chamado **respiração**.

Portanto as plantas realizam respiração e fotossíntese. A fotossíntese acontece apenas em presença de luz: porém, a respiração ocorre o tempo todo, mesmo no escuro.

Você já reparou que os locais com árvores são mais frescos? Sabe por quê?

Além da sombra das árvores, os ambientes com plantas são mais frescos porque as plantas realizam a **transpiração**, liberando vapor de água pelas folhas. Por isso, o ar em um bosque é mais úmido e fresco.

Grischa Georgiew/Shutterstock/Glow Images

As plantas têm estruturas para retirar do ambiente os elementos de que precisam para sobreviver, como água, luz solar e sais minerais.

Plantas de ambientes mais secos ou com pouca luminosidade, em geral, apresentam adaptações que permitem sua sobrevivência.

O interior das matas é sombreado. Lá, algumas plantas crescem em cima de outras plantas para conseguir receber mais luz solar. Muitas delas também têm estruturas para armazenar água da chuva, como as bromélias.

Algumas plantas perdem as folhas em períodos mais secos, o que ajuda a diminuir a perda de água por transpiração. Outras plantas sobrevivem à seca armazenando água no caule, como os cactos.

Fabio Colombini /Acervo do fotógrafo

Algumas bromélias vivem no tronco de árvores.

Delfim Martins/Pulsar Imagens

Os cactos armazenam água e têm folhas modificadas, adaptações que evitam a perda de água para o ambiente.

NESTE CAPÍTULO, VOCÊ VIU QUE:

- Algumas plantas se reproduzem por meio de sementes.
- Pólen e sementes podem ser transportados pelo vento, pela água ou por animais.
- A fotossíntese é o processo pelo qual a planta produz seu alimento e, para isso, são necessários água, luz e gás carbônico.
- As plantas também respiram, retirando gás oxigênio do ar, e transpiram, liberando vapor de água pelas folhas.
- As plantas apresentam adaptações que facilitam a sobrevivência no ambiente em que vivem.

ATIVIDADES DO CAPÍTULO

1. Veja o que um aluno escreveu em seu caderno de Ciências:

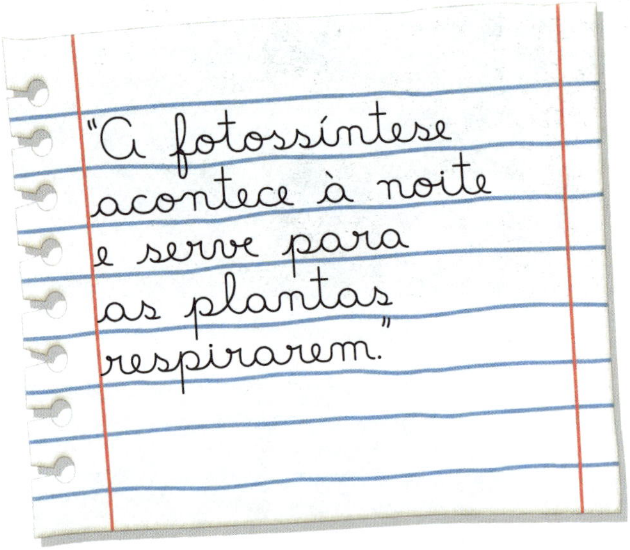

- Escreva um bilhete para esse aluno dizendo o que ele precisa mudar no texto do caderno, pois há dois erros sobre a fotossíntese. Também indique o que ocorre nas plantas, tanto de dia quanto à noite.

____

____

____

____

2. Observe as fotos ao lado; elas mostram uma experiência realizada com uma planta.

a) O que você observa na primeira imagem?

____

____

b) O que você observa de diferente na segunda imagem?

____

____

____

c) O que você acha que aconteceu na segunda situação?

____

____

____

Fotos: Sergio Dotta Jr./Arquivo da editora

3. Leia a notícia abaixo:

Cutia come a suculenta fruta da palmeira na floresta do Panamá

Um novo estudo publicado na última edição da revista "PNAS", da Academia Nacional de Ciências dos EUA, mostra que o hábito da cutia de roubar sementes escondidas por suas companheiras pode ter ajudado uma palmeira a sobreviver na floresta tropical do Panamá.

Essa palmeira, conhecida localmente como “chunga”, tem frutos suculentos com sementes grandes, aparentemente adaptadas para serem comidas e dispersadas por animais de porte maior, como os mastodontes, extintos naquela região há 10 mil anos.

Sem esses bichos grandes, capazes de engolir as sementes e defecá-las longe do local onde a ingeriram, seria de se esperar que a planta deixasse de se reproduzir e desaparecesse.

No entanto, como ela segue existindo, um grupo de cientistas da Europa e dos EUA instalou câmeras na floresta, e pequenos sensores nas sementes para entender como novas palmeiras poderiam crescer em lugares distantes de outros exemplares da mesma espécie.

Christian Ziegler/National Geographic Magazine/Minden Picures/Latinstock

Cutia rouba sementes escondidas e ajuda palmeira a se reproduzir.

Eles descobriram que as cutias têm o hábito de enterrar essas sementes e, mais que isso, roubá-las dos buracos cavados pelas companheiras. Eles descobriram que havia sementes que eram desenterradas e novamente escondidas até 36 vezes antes de serem realmente comidas. Assim, mais de um terço das sementes foi parar a mais de cem metros dos pés que as geraram.

G1. Cutia rouba sementes escondidas e ajuda palmeira a se reproduzir. *Globo Natureza*, 16 jul. 2012. Disponível em: <http://g1.globo.com/natureza/noticia/2012/07/cutia-rouba-sementes-escondidas-e-ajuda-palmeira-se-reproduzir.html>. Acesso em: 10 dez. 2015. (Adaptado).

a) De que se alimenta a cutia mencionada no texto?

____

b) Por que as cutias ajudam essa espécie de palmeira a sobreviver?

____

____

ENTENDER E PRATICAR CIÊNCIAS

Evgeny Korshenkov/Shutterstock/Glow Images

Ramo de hibisco com flor

10 cm

OBSERVAÇÃO DE FLORES

Agora você terá a oportunidade de investigar as partes de uma flor com a ajuda de uma lupa.

MATERIAL

- lupa
- flores diversas
- caderno

Esquema representando a estrutura de um hibisco

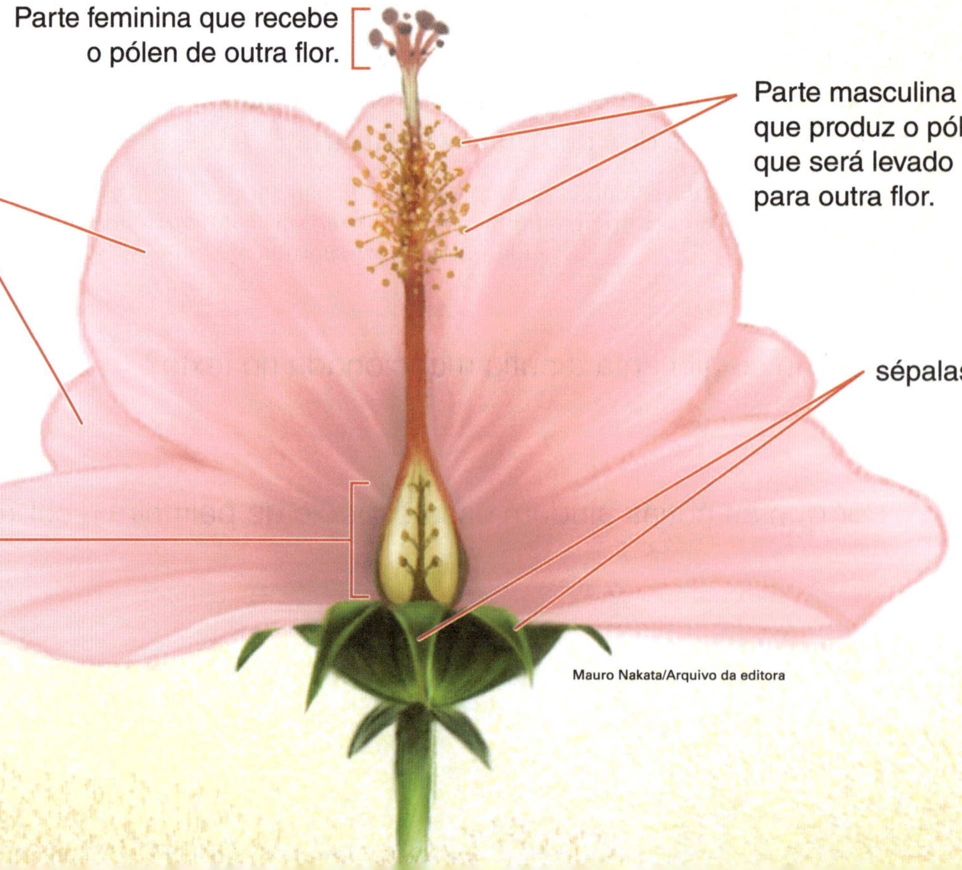

Mauro Nakata/Arquivo da editora

Procedimento

Ilustrações: Vicente Mendonça/Arquivo da editora

1. Com cuidado, separe as partes que constituem a flor, começando pelas pétalas. Coloque-as sobre a mesa.

2. Com a ajuda de uma lupa, tente identificar as partes da flor. Para isso, compare-as com as imagens da página anterior. Repita o procedimento com diferentes flores.

3. Desenhe as estruturas que você observou, indicando cada uma delas com setas. Não se esqueça de identificar as flores.

Observação e registro

Conheça a função de cada parte:

- **Sépalas**: folhinhas geralmente verdes que envolvem a base das pétalas.
- **Pétalas**: geralmente coloridas, podem ter cheiro para atrair polinizadores.
- **Antera**: onde se formam os grãos de pólen; estrutura reprodutora masculina da flor.
- **Ovário**: contém os óvulos; estrutura reprodutora feminina da flor.

É importante observar que nem sempre as flores apresentam todas as estruturas indicadas.

Algumas flores não têm sépalas, ou têm sépalas coloridas. Algumas flores agrupam-se, como a margarida.

4. Em seu caderno, faça um registro das partes das flores que você observou. Ilustre seu texto com setas indicando as partes observadas com a lupa.

Conclusão

5. Alguma das flores que você observou se parece com o modelo da ilustração?

6. Pelo que você percebeu nas flores observadas e na foto desta atividade, você acha correto dizer que as flores são todas iguais?

7. Com base nas informações do tema "Polinização e dispersão", quais das flores que você analisou mais atrairiam agentes polinizadores? Por quê?

CAPÍTULO

6 OS ANIMAIS

ALIMENTAÇÃO E ADAPTAÇÕES

- As plantas produzem o próprio alimento por meio da fotossíntese. E os animais, como eles se alimentam? Todos consomem o mesmo tipo de alimento?

____

____

____

Lightpoet/Shutterstock/Glow Images

Os animais não fazem fotossíntese, e por isso precisam comer outros seres vivos para conseguir o alimento necessário à sua sobrevivência. A maioria dos animais explora o ambiente em busca de alimentos adequados à sua dieta.

Alguns animais comem apenas plantas, e por isso são chamados de **herbívoros**, como a capivara.

Alguns animais se alimentam exclusivamente da carne de outros animais; eles são chamados de **carnívoros**, como a ariranha.

Elizaveta Kirina/Shutterstock/Glow Images

Há também outros tipos de alimentação entre os animais. Alguns comem tanto vegetais quanto carne; estes são chamados de **onívoros**. Há animais que se alimentam do néctar das flores (como o beija-flor), de sangue (como alguns mosquitos) e até de fezes (como alguns besouros)!

- Que tipo de alimentação você tem?

A alimentação é fundamental para a sobrevivência dos seres vivos. Por isso, as adaptações para obter e digerir os alimentos são muito importantes para os animais.

Há uma grande variedade de adaptações para a alimentação: como as adaptações do formato da boca, do bico, dos dentes ou as do comportamento.

Ben Cranke/The Image Bank/Getty Images

Os dentes pontudos da onça-pintada ajudam a morder suas presas firmemente. Suas garras possibilitam que ela escale árvores e agarre presas.

FloridaStock/Shutterstock/Glow Images

Com o bico em forma de colher, o colhereiro sacode as águas em busca de alimento. Suas pernas longas permitem que ande em regiões alagadas.

Krzysztof Wiktor/Shutterstock/Glow Images

O macaco-prego utiliza pedras para quebrar sementes e frutos. Suas mãos permitem segurar objetos firmemente.

Cathy Keifer/Shutterstock/Glow Images

A língua comprida do camaleão é uma adaptação que lhe permite capturar insetos de longe.

RESPIRAÇÃO E TRANSPIRAÇÃO

Você já sabe que, para sobreviver, os animais precisam respirar. Mas você sabia que a respiração é fundamental para utilizar a energia dos alimentos?

O gás oxigênio absorvido com a respiração é utilizado pelas células para retirar a energia do alimento. Durante esse processo, as células liberam gás carbônico.

Para obter gás oxigênio, muitos animais utilizam os pulmões. É o caso dos mamíferos, aves, répteis e anfíbios adultos.

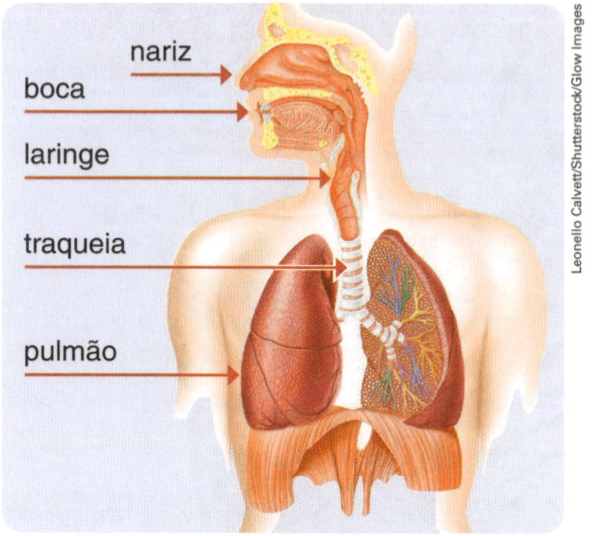

O ar que inspiramos pelo nariz é levado aos pulmões; e destes, por meio do sangue, segue para todas as células do corpo.

Outros animais realizam o processo de respiração de forma diferente.

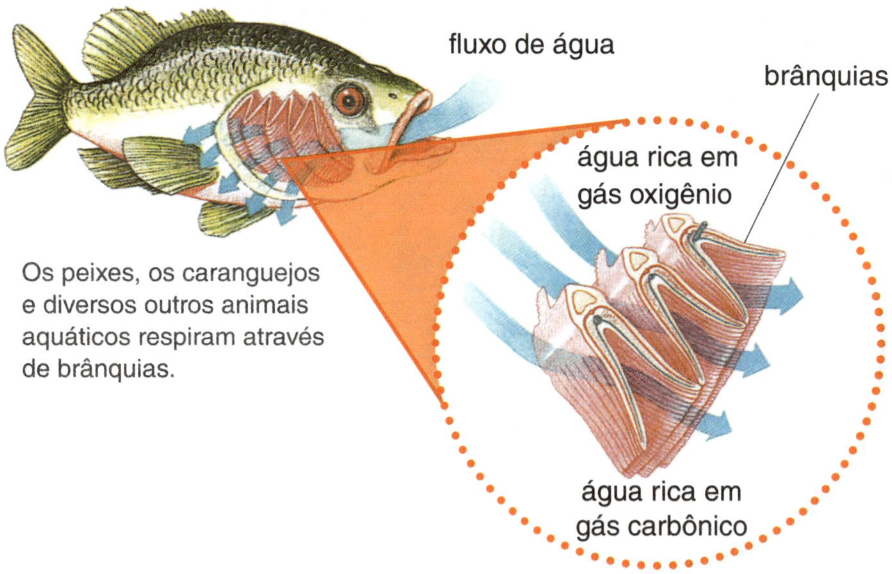

Os peixes, os caranguejos e diversos outros animais aquáticos respiram através de brânquias.

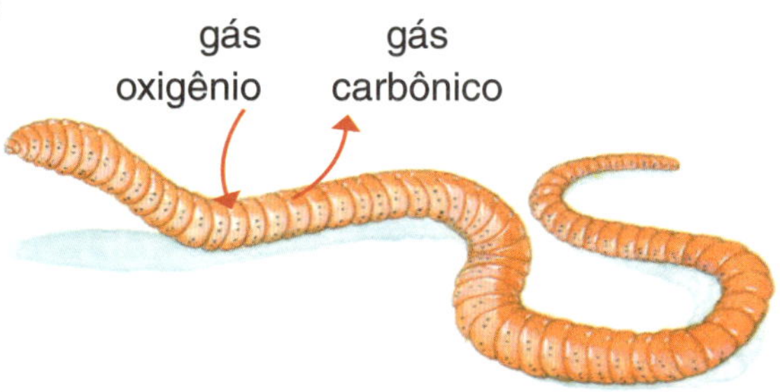

Alguns animais respiram pela pele. É o caso das minhocas, por exemplo. Muitos anfíbios também apresentam esse tipo de respiração.

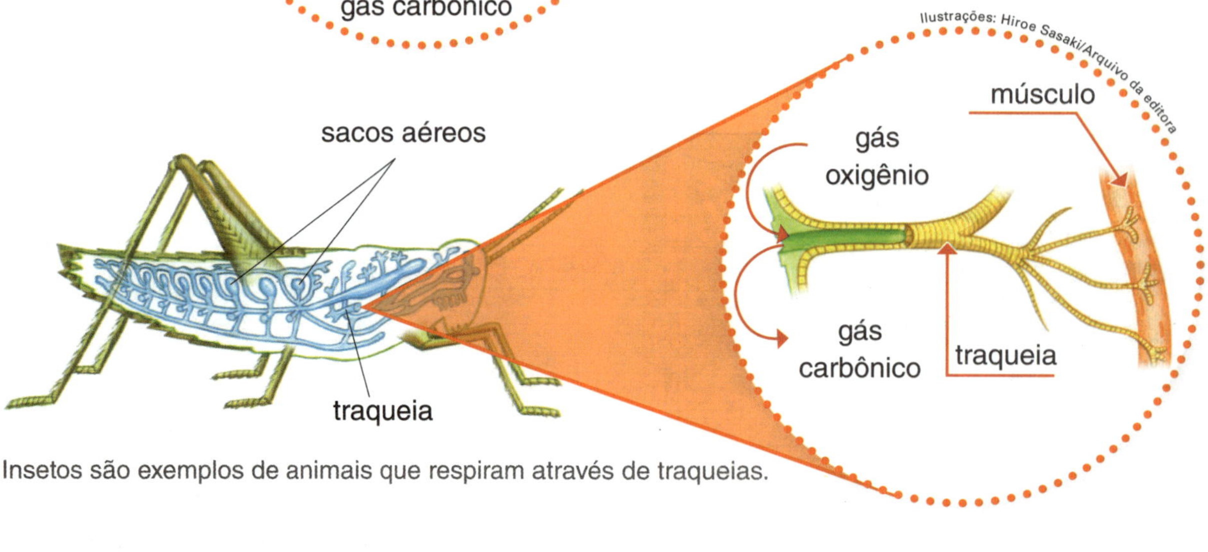

Insetos são exemplos de animais que respiram através de traqueias.

Os cães arfam para manter a temperatura do corpo.

Paulshlykov/Shutterstock/Glow Images

- Você já notou que os cães ficam com a língua de fora, principalmente quando está quente ou depois de atividades físicas? Por que eles fazem isso?

Além da alimentação e da respiração, outro processo muito importante para nossa sobrevivência é a **transpiração**.

No ser humano, a transpiração ocorre na forma de suor através da pele. Ao entrar em contato com o ar, o suor, além de eliminar o excesso de calor do corpo, ainda ajuda a resfriar a superfície da pele.

Nosso suor é produzido por glândulas da pele que, além da água, também eliminam sais minerais e outros compostos desnecessários que estão presentes no sangue.

Outros animais, como os cachorros, não produzem suor. Para regular sua temperatura, eles arfam, geralmente com a língua para fora.

arfam: respiram em ritmo acelerado.

Javi_indy/Shutterstock/Glow Images

O suor é uma forma de transpiração.

REPRODUÇÃO

Existem duas formas de **reprodução animal**. Em uma delas um novo animal é gerado a partir de um só indivíduo. Veja alguns animais que podem realizar esse tipo de reprodução.

A separação de uma parte do corpo da estrela-do-mar dá origem a uma nova estrela-do-mar.

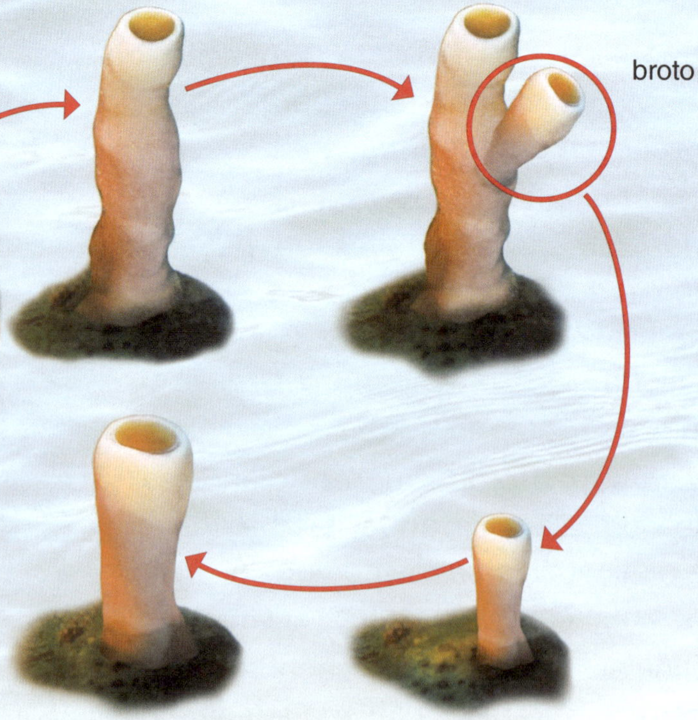

No corpo das esponjas se originam brotos, que se desprendem e dão origem a uma nova esponja.

Os elementos das imagens não estão em proporção entre si.

Outra forma de reprodução dos animais é a **reprodução sexuada**. Para que ela ocorra, são necessários dois indivíduos: um do sexo masculino e outro do sexo feminino.

Na reprodução sexuada, ocorre a fecundação, que dá origem a uma célula-ovo ou zigoto. Células sexuais, ou gametas, são responsáveis pela **fecundação**.

A fecundação pode ser externa, quando ocorre fora do corpo do animal, ou interna, quando acontece dentro do corpo do organismo. Veja alguns exemplos.

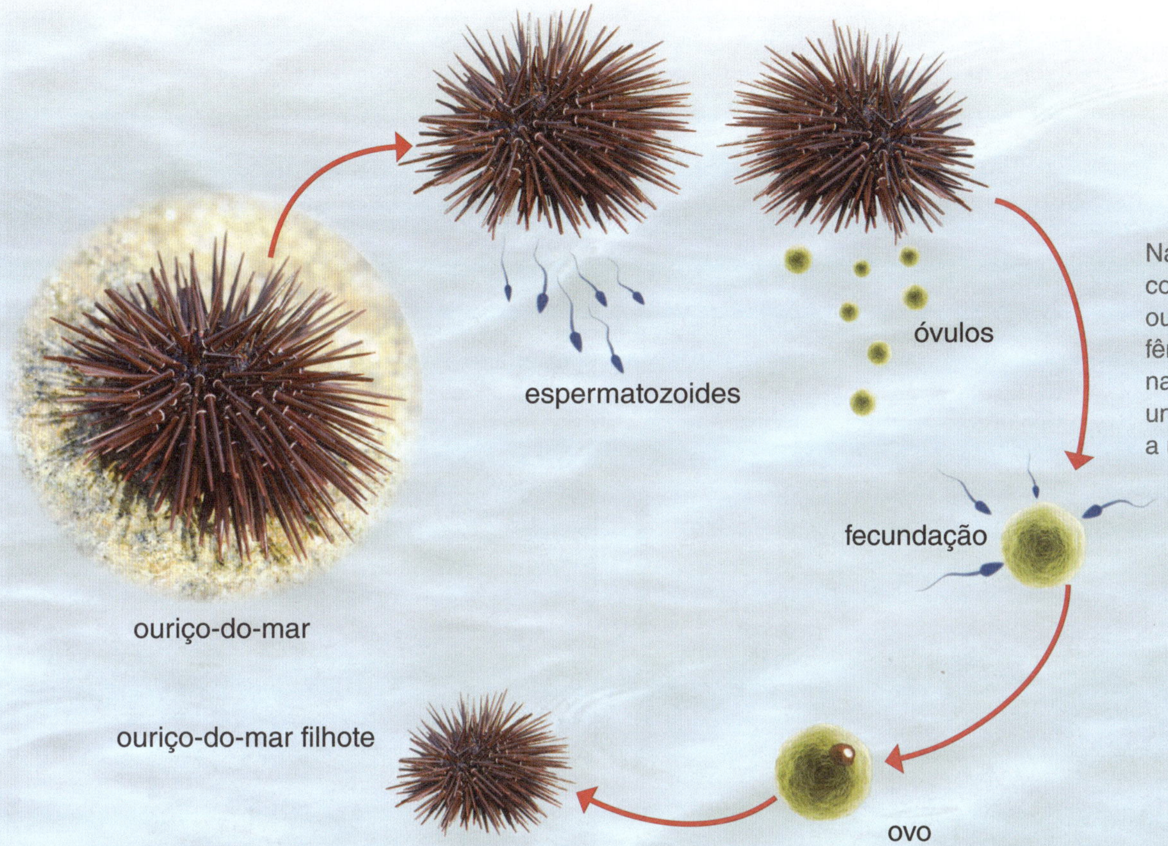

Na **fecundação externa**, como acontece com os ouriços-do-mar, machos e fêmeas lançam seus gametas na água. O ovo, formado pela união dos gametas, dá origem a um novo ouriço-do-mar.

Na **fecundação interna**, os gametas se encontrarão dentro de um dos animais por meio da cópula. A célula-ovo formada na fecundação dará origem a um novo indivíduo.

Os elementos das imagens não estão em proporção entre si.

DO OVO OU DA BARRIGA

- Observe as fotos desta página e discuta com os colegas: como nascem estes animais?

Lekséle/Shutterstock/Glow Images

Pinguim em seu ninho

AdStock RF/Shutterstock/Glow Images

Os ovos de sapos e rãs são muito delicados.

exorzist/Shutterstock/Glow Images

Inseto protegendo os ovos.

Rufous/Shutterstock/Glow Images

Nascimento de um jacaré

Anneka/Shutterstock/Glow Images

Pintinho saindo do ovo.

Rui Manuel Teles Gomes/Shutterstock/Glow Images

Peixes e seus ovos

Em alguns animais, como aves, insetos, répteis, peixes e anfíbios, os embriões se desenvolvem dentro de ovos. Esses animais são chamados de **ovíparos**.

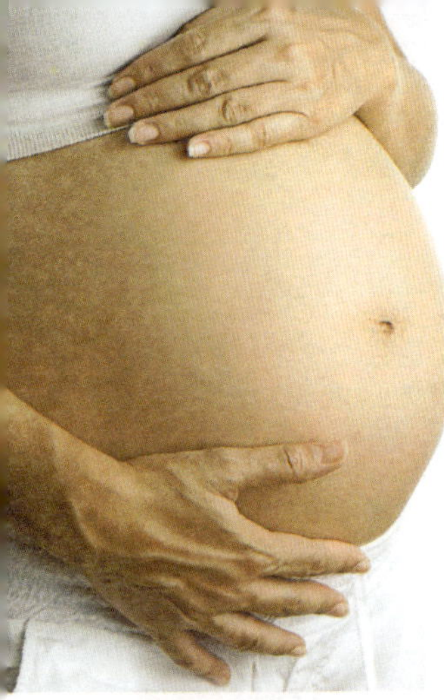

Heiko Kiera/Shutterstock/Glow Images

Os seres humanos são animais vivíparos.

Os animais em que o embrião se desenvolve dentro do corpo da mãe, como a maioria dos mamíferos, são chamados de **vivíparos**.

O embrião, protegido dentro do corpo da mãe, recebe alimento e gás oxigênio, e se desenvolve até o final da gestação.

Artur Keunecke/Pulsar Imagens

Algumas serpentes carregam seus embriões dentro da barriga, onde se desenvolvem até o nascimento.

Alguns animais nascem com as características dos animais adultos, como os répteis, as aves e os mamíferos.

Outros animais, como alguns insetos e anfíbios, passam por grandes transformações, mudando bastante de aparência até a vida adulta. Esse processo de mudança é chamado de **metamorfose**.

Metamorfose da borboleta

Fotos: Fábio Colombini/Acervo do fotógrafo

NESTE CAPÍTULO, VOCÊ VIU QUE:

- Animais se alimentam para obter nutrientes; eles podem ser herbívoros, carnívoros ou onívoros.
- Os animais apresentam adaptações no corpo ou no comportamento que os ajudam a se alimentar e a sobreviver no ambiente.
- Os animais usam o gás oxigênio para aproveitar a energia dos alimentos.
- A respiração dos animais pode ser feita por pulmões, pele, brânquias ou traqueias.
- A transpiração é importante para regular a temperatura do corpo.
- A reprodução dos animais gera mais indivíduos da mesma espécie.
- De acordo com o local de desenvolvimento do embrião, os animais podem ser ovíparos ou vivíparos.

ATIVIDADES DO CAPÍTULO

1. Observe os animais que estão no selo ao lado.

Pesquise o tipo de respiração de cada um deles e descreva como ela acontece.

Fonte: Empresa Brasileira de Correios e Telégrafos/Departamento de Filatelia e Produtos

Animal	Tipo de respiração	Onde acontece
Ave		
Peixe		
Caranguejo		

2. Escreva um exemplo de animal que respira pela pele e de outro que respira por traqueias.

____

3. Os filhotes abaixo, antes de nascer, desenvolveram-se de formas diferentes: dentro de um ovo ou dentro do corpo da mãe. Nomeie os tipos de desenvolvimento desses animais.

____

____

Cheryl E. Davis/Shutterstock/Glow Images

NotarYES/Shutterstock/Glow Images

4. Leia o texto abaixo e responda às questões.

Arara-azul

As araras-azuis se alimentam das castanhas retiradas de cocos de duas espécies de palmeira: acuri e bocaiuva. Para fazer os ninhos, elas aumentam pequenas cavidades no tronco das árvores.

Aos 7 anos a arara-azul começa sua própria família. Em média, a fêmea tem dois filhotes, mas, na maioria dos casos, só um sobrevive (o mais forte e saudável). Na época de incubação, ovos são predados por gralhas e tucanos, entre outras aves, ou por algumas espécies de mamíferos, como o gambá.

Os filhotes nascem frágeis e são alimentados pelos pais até os seis meses. Correm risco de vida até completarem 45 dias, pois não conseguem se defender de baratas, formigas ou outras aves que invadem o ninho. Somente com três meses de vida, quando o corpo está todo coberto por penas, se aventuram em seus primeiros voos.

WWF BRASIL. Disponível em: <www.wwf.org.br/natureza_brasileira/areas_prioritarias/pantanal/nossas_solucoes_no_pantanal/protecao_de_especies_no_pantanal/arara_azul>. Acesso em: 28 ago. 2015. (Adaptado).

R. Gino Santa Maria/Shutterstock/Glow Images

a) Na maioria das vezes, apenas um filhote de arara-azul sobrevive. Copie frases do texto que explicam por que isso acontece.

b) Os bicos fortes das araras são uma importante adaptação para alimentação e construção do ninho. Do que se alimentam e como constroem o ninho?

LER E ENTENDER

FÓSSEIS MICROSCÓPICOS

Quando um animal ou uma planta morre, que partes do corpo deles demoram mais para se decompor: as duras ou as moles?

Vamos ler a seguir uma notícia publicada numa revista de divulgação científica.

Fóssil em dose dupla

Um microrganismo foi encontrado dentro de um casulo que servia para proteger os ovos de uma sanguessuga. O pequeno ser fossilizado tinha um corpo molengo, que não teria sido preservado por tanto tempo sem a ajuda do casulo.

Segundo o paleontólogo Benjamin Bomfleur, da Universidade do Kansas, nos Estados Unidos, organismos que não têm partes duras no corpo dificilmente se tornam fósseis. "Apenas partes duras, como os ossos de dinossauro ou as conchas de ostras, se conservam ao longo do tempo, enquanto as partes moles se decompõem rápido", explica.

[...] Quando a sanguessuga deposita seus ovos, ela libera um muco que, depois de um tempo, endurece e protege os ovos de condições como frio ou calor. "A sanguessuga provavelmente colocou o casulo dentro de um rio e o microrganismo acabou entrando nele antes de seu endurecimento, permanecendo conservado até hoje", adiciona.

Além de curioso, o achado pode ajudar os cientistas na busca de outros fósseis em casulos. "Existem fósseis de casulos que foram encontrados há quase 150 anos e poucos pesquisadores procuraram microrganismos dentro deles", diz o paleontólogo. Quem sabe o que eles poderiam ter encontrado?

ROCHA, Mariana. *Ciência Hoje das Crianças*, 17 jan. 2013. Disponível em: <http://chc.cienciahoje.uol.com.br/fossil-em-dose-dupla/>. Acesso em: 28 ago. 2015.

Fotos: Benjamin Bomfleur

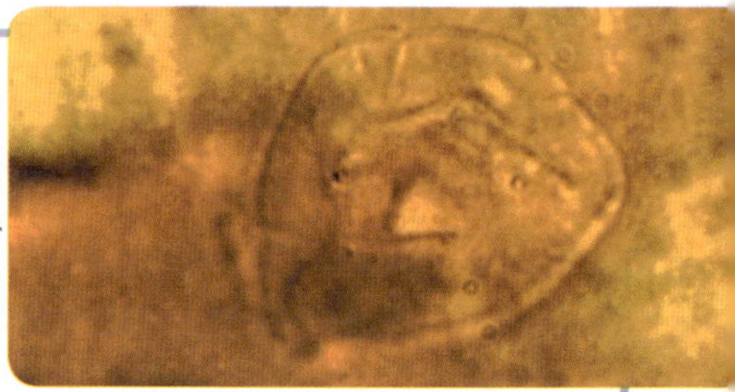

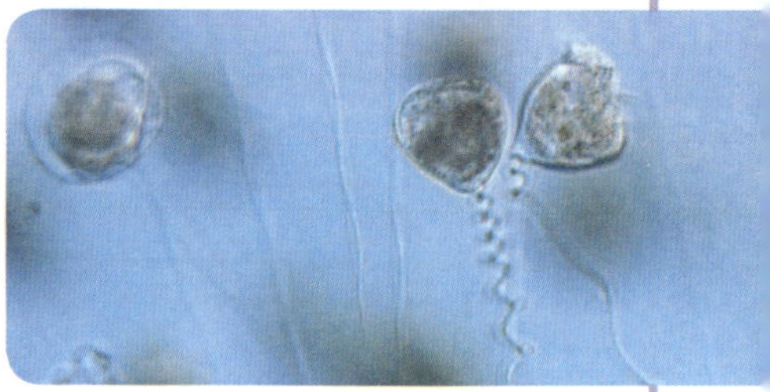

O microrganismo encontrado no fóssil de casulo (na primeira foto) é semelhante a um ciliado encontrado atualmente na natureza chamado vorticela (na segunda foto). Ambos só podem ser vistos ao microscópio. Imagens colorizadas por computador.

Para preservar seus ovos, a sanguessuga libera um casulo, parecido com uma esponja, que se torna rígido e permanece conservado por muito tempo.

ANALISE

1. Qual é o assunto dessa notícia?

---

2. O microrganismo encontrado teria entrado no casulo antes ou depois de ele endurecer?

---

3. Se não tivesse entrado no casulo, o microrganismo teria se preservado? Por quê?

---

4. Segundo o paleontólogo Benjamin Bomfleur, "Existem fósseis de casulos que foram encontrados há quase 150 anos e poucos pesquisadores procuraram microrganismos dentro deles". Por essa afirmação, podemos concluir que:

- [ ] os pesquisadores não esperavam encontrar microrganismos dentro de casulos fósseis.
- [ ] os pesquisadores nunca tinham encontrado microrganismos dentro de casulos fósseis.

RELACIONE

5. Lembrem-se do que estudamos a respeito de fósseis. Entre os restos de seres vivos que se preservaram por milhares de anos, estão ovos de dinossauro.

a) Que parte desses ovos vocês imaginam que tenha se preservado? Por quê?

---

b) Como os pesquisadores podem saber que os ovos são de dinossauro? Como saberiam de qual dinossauro seriam os ovos?

---

6. Qual é a importância, para a ciência, do achado informado na notícia?

O QUE APRENDI?

1. Complete a cruzadinha com termos aprendidos nesta Unidade.

a) Grande transformação que ocorre no corpo de alguns animais do nascimento até se tornarem adultos. É comum em insetos, como a borboleta, e em anfíbios, como a rã.

b) Toda a variedade de seres vivos na Terra.

c) Evento que dá origem à célula-ovo na reprodução sexuada.

d) Teoria que explica como as espécies se modificam com o passar das gerações e como elas se adaptam ao ambiente.

e) Transferência do pólen para a parte feminina da flor. É um passo importante da reprodução sexuada das plantas.

f) Processo pelo qual as plantas produzem seu alimento. Nesse processo, a planta utiliza energia solar, água e gás carbônico para fabricar glicose, um tipo de açúcar, e liberar oxigênio.

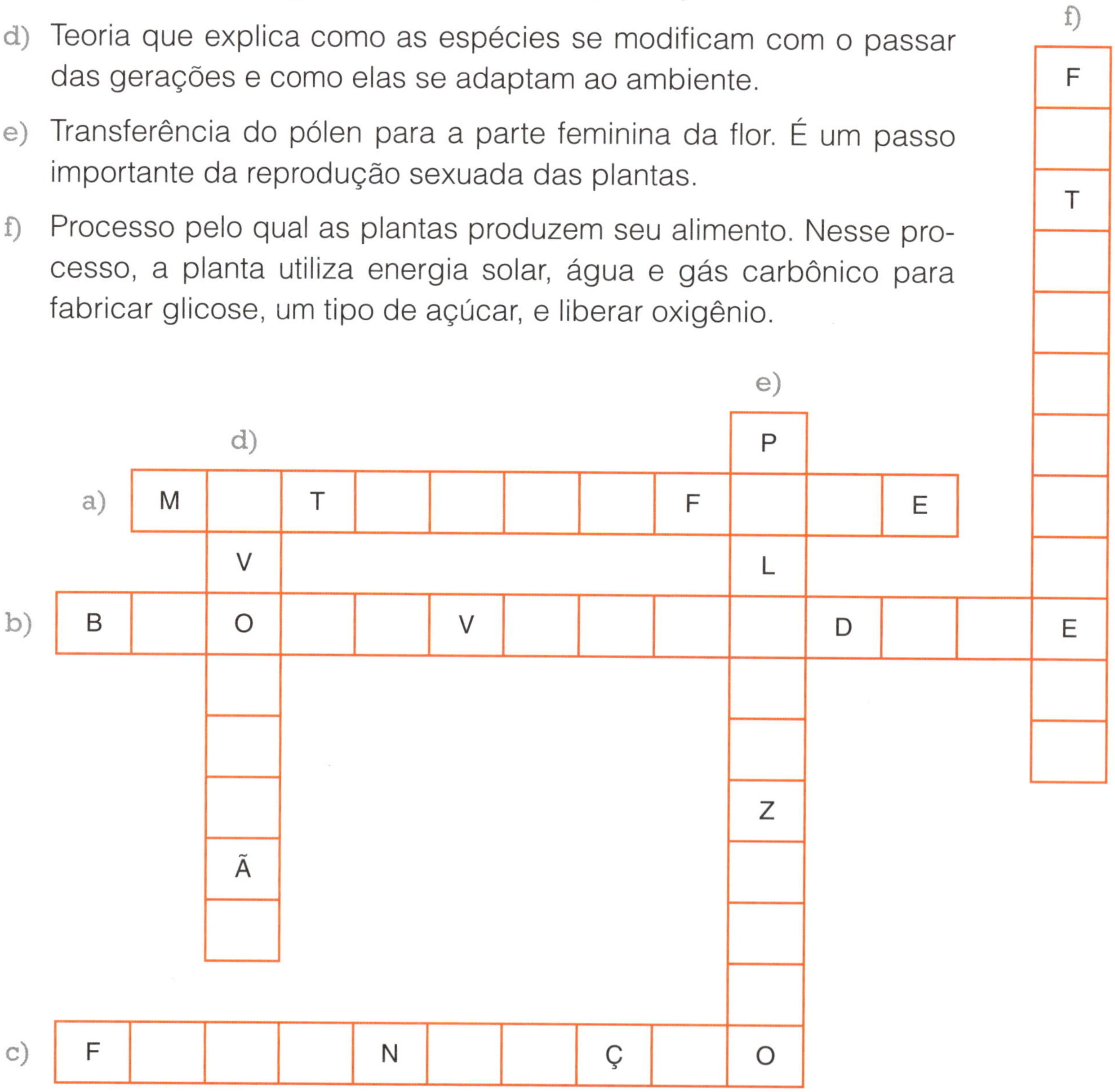

2. A imagem de abertura desta Unidade faz referência a um período do passado, cerca de 20 mil anos atrás. Observe a imagem novamente e responda às questões abaixo.

Moviestore Collection Ltd./Easypix

a) Os animais representados estão extintos há alguns milhares de anos. Como os cientistas estudam esses animais?

b) Com base nas características que aparecem na imagem, você consegue identificar o tipo de alimentação de algum desses animais? Que característica você observou?

3. Este é o momento de pensar no que você aprendeu nesta Unidade. Indique com um **X** na tabela.

Conteúdos estudados	Compreendi este conteúdo	Fiquei com algumas dúvidas e preciso retomar	Não compreendi e preciso retomar
Capítulo 4 Evolução dos seres vivos			
Capítulo 5 Plantas: reprodução, fotossíntese e respiração			
Capítulo 6 Animais: reprodução, alimentação e respiração			

Converse com os colegas e o professor para entender melhor o seu aproveitamento e, assim, iniciar o estudo da próxima Unidade.

UNIDADE 3

ECOSSISTEMAS E RELAÇÕES ENTRE OS SERES VIVOS

- Você consegue identificar os animais da foto?
- O que você supõe que a foto está mostrando?
- O que você imagina que aconteceu depois?

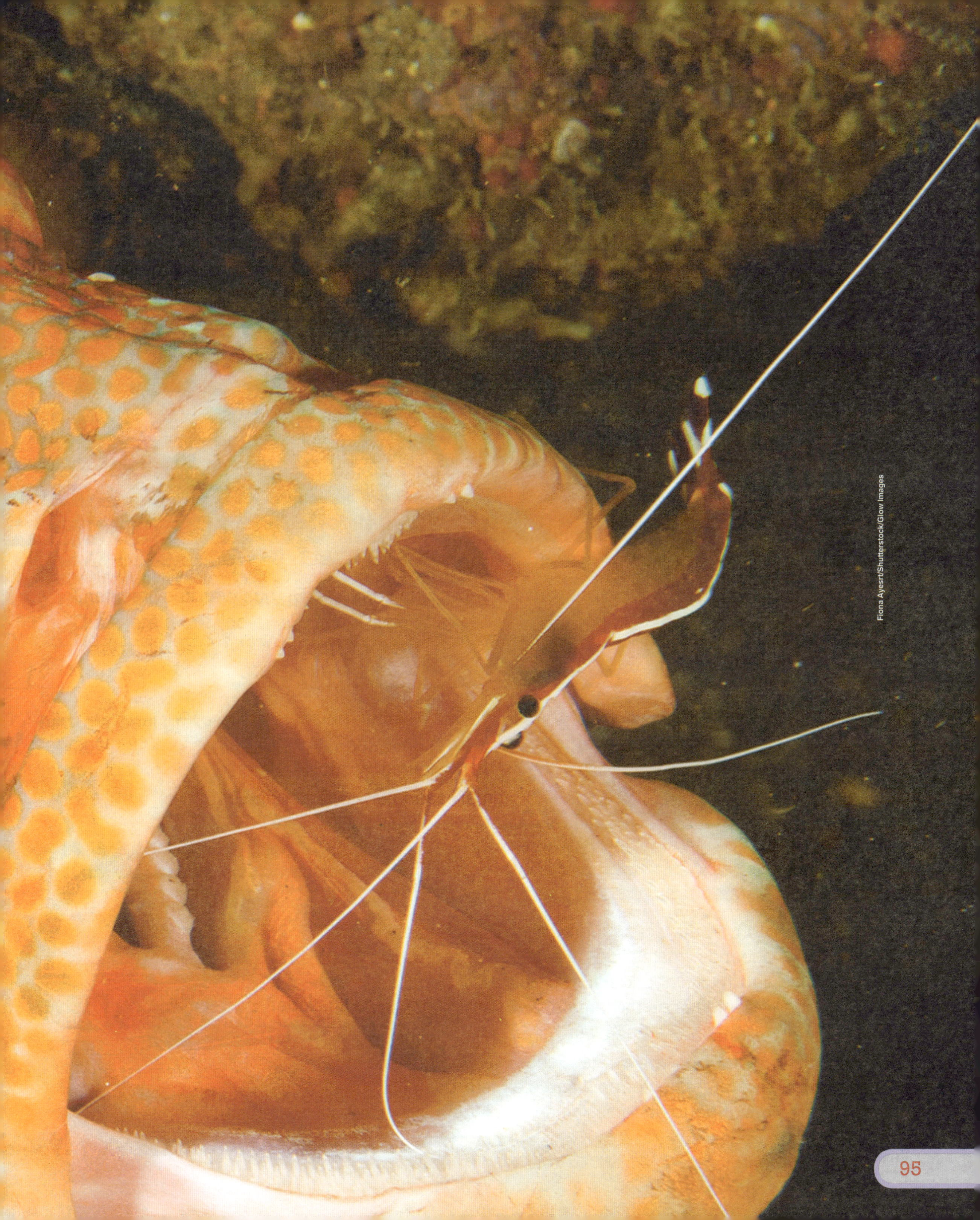

Fiona Ayesrt/Shutterstock/Glow Images

CAPÍTULO

7 TEIA ALIMENTAR

PRODUTORES E CONSUMIDORES

Observe o quadro.

Flora e fauna brasileiras, óleo sobre madeira (1934), de Candido Portinari. Dimensões: 80 cm × 160 cm.

- Quais seres vivos você reconhece na imagem? De que eles se alimentam?

As plantas produzem seu próprio alimento pela fotossíntese. Por isso, elas são chamadas de **produtores**. Nos ambientes aquáticos, as algas e o fitoplâncton, seres aquáticos que também fazem fotossíntese, são os principais produtores.

O Sol é a fonte de energia para a fotossíntese. Sem a luz do Sol, seria impossível a sobrevivência da maioria dos seres vivos.

Plâncton: minúsculos gigantes

O plâncton é uma comunidade de pequenos seres que vivem em oceanos, mares, rios e lagoas. Não os enxergamos, mas são muito abundantes: um litro de água do mar pode conter centenas de milhares desses organismos.

Os plânctons que fazem fotossíntese são conhecidos como fitoplâncton. Apesar de pequenos, são de extrema importância para o ambiente, pois são eles, em conjunto, que realizam a maior parte da fotossíntese no planeta.

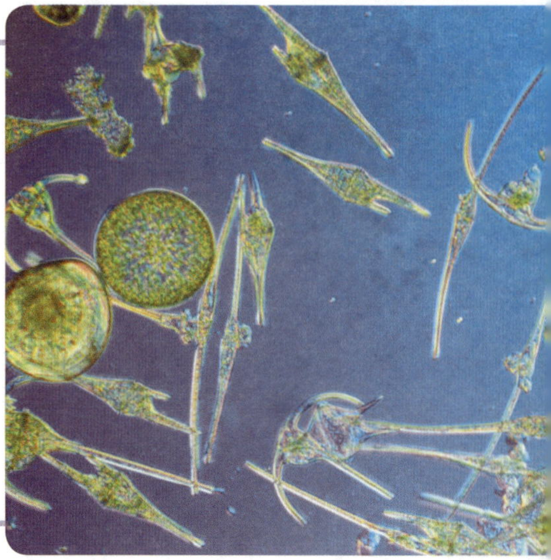

Muitos seres vivos não realizam fotossíntese e não produzem seu próprio alimento. Esses seres vivos se alimentam de outros seres vivos e são chamados **consumidores**.

Os consumidores que se alimentam dos seres produtores são chamados herbívoros.

O Sol é a fonte de energia para a fotossíntese.

As plantas são organismos produtores.

A capivara consome plantas.

Ilustrações: Oswaldo Sequetin/Arquivo da editora

A onça-pintada consome capivaras e outros animais.

Os elementos da imagem não estão em proporção entre si.

Repare que para indicar o caminho dos alimentos utilizamos setas. Assim, a planta serve de alimento para a capivara, que serve de alimento para a onça-pintada, que pode servir de alimento para o urubu depois que ela morre.

DECOMPOSITORES E DETRITÍVOROS

- O que você acha que acontece com todos os seres vivos que morrem?

____

____

Lembre-se de que os seres vivos nascem, crescem, podem se reproduzir e morrem. Porém, o que acontece após a morte dos organismos?

Os **decompositores**, que são organismos como os fungos e as bactérias, se alimentam de seres que morreram ou de seus resíduos.

Há também seres **detritívoros**, como os vermes, insetos e caracóis. Eles digerem pedaços de seres mortos e de resíduos, acelerando sua decomposição.

Os elementos da imagem não estão em proporção entre si.

Um pedaço de tronco caído serve de alimento para diversos organismos detritívoros e decompositores.

Os decompositores transformam os restos de organismos em substâncias simples. Essas substâncias podem enriquecer o solo e a água, tornando-os mais férteis.

Conheça a seguir alguns desses organismos.

Haroldo Palo Jr./kino.com.br

Fungos tipo orelha-de-pau crescendo sobre tronco em Itabuna (BA), 2012.

Power and Syred/SPL/Latinstock

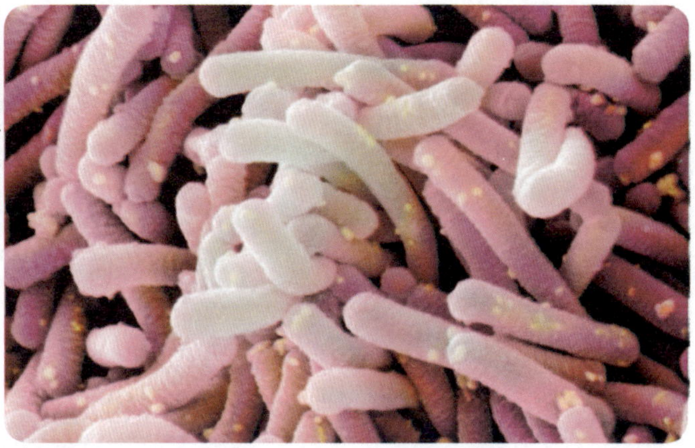

Células de lactobacilos, um tipo de bactéria decompositora. Esse tipo de bactéria é muito utilizado na fabricação de iogurtes. Imagem colorizada por computador.

Steve Gschmeissner/Getty Images

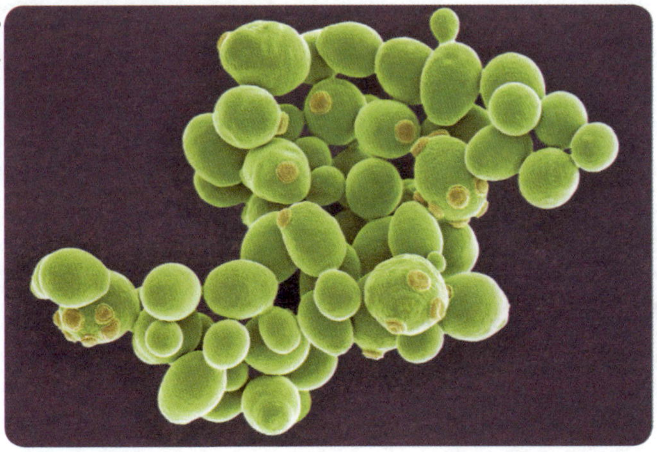

Células de levedura vistas ao microscópio eletrônico. As leveduras são fungos decompositores microscópicos. O ser humano aprendeu a utilizar esses fungos há milhares de anos para fabricar pães. As bolinhas marrons vistas na foto são brotos que darão origem a novas leveduras. Imagem colorizada por computador.

Luis Carlos Torres/Shutterstock/Glow Images

Animais como o urubu, que se alimentam de restos de comida e de animais mortos, são chamados detritívoros e também contribuem para a decomposição. Como precisa enfiar a cabeça em restos de animais e no lixo para se alimentar, a falta de penas na cabeça e no pescoço evita o acúmulo de sujeira nessa parte do corpo do urubu.

O grupo de seres decompositores, formado por fungos e bactérias, é muito diverso. As bactérias são seres microscópicos. Os fungos podem ser microscópicos ou visíveis a olho nu, como os cogumelos ou bolores. Alguns desses organismos podem nos causar doenças; outros podem ser usados na produção de alimentos e remédios, por exemplo.

CADEIA E TEIA ALIMENTAR

Acompanhe a sequência:

- Produtores fazem fotossíntese, utilizando a energia da luz do Sol.
- Consumidores se alimentam de produtores ou de outros consumidores.
- Decompositores decompõem os organismos mortos em substâncias simples, que voltam a servir aos produtores.

Agora, veja o exemplo abaixo.

CADEIA ALIMENTAR

Os elementos da imagem não estão em proporção entre si.

Ilustrações: Mauro Nakata/Arquivo da editora

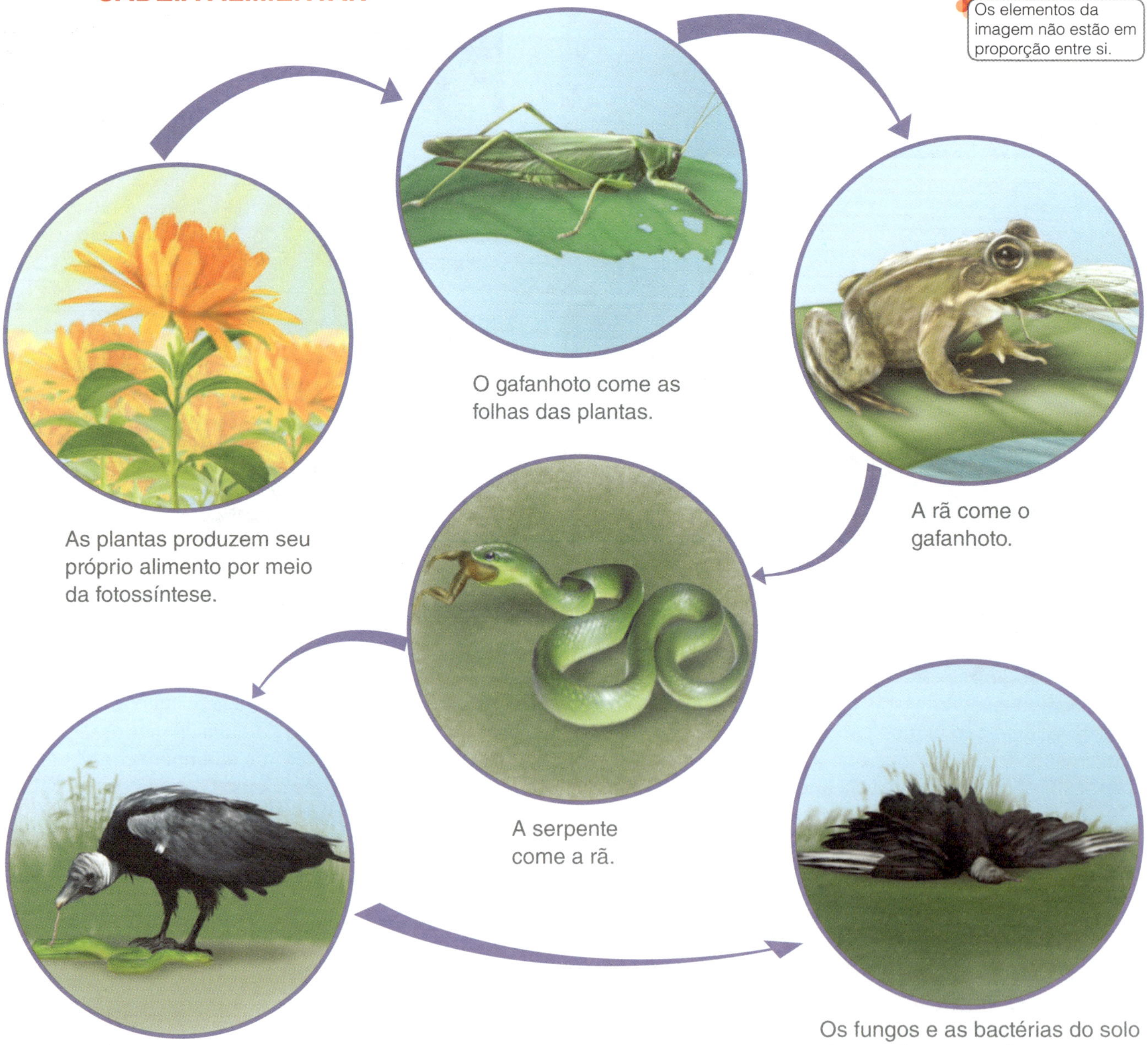

As plantas produzem seu próprio alimento por meio da fotossíntese.

O gafanhoto come as folhas das plantas.

A rã come o gafanhoto.

A serpente come a rã.

O urubu come a carniça dos animais que já estão mortos.

Os fungos e as bactérias do solo decompõem o cadáver do urubu e dos demais organismos.

Um ser vivo depende de outro para se alimentar, e essa relação é chamada de **cadeia alimentar**.

Todas as cadeias alimentares iniciam com um produtor e terminam com os decompositores.

Observe a imagem ao lado.

- **Quais são as semelhanças e diferenças que você observa entre essa imagem e a imagem da página anterior?**

____

____

____

____

____

____

TEIA ALIMENTAR

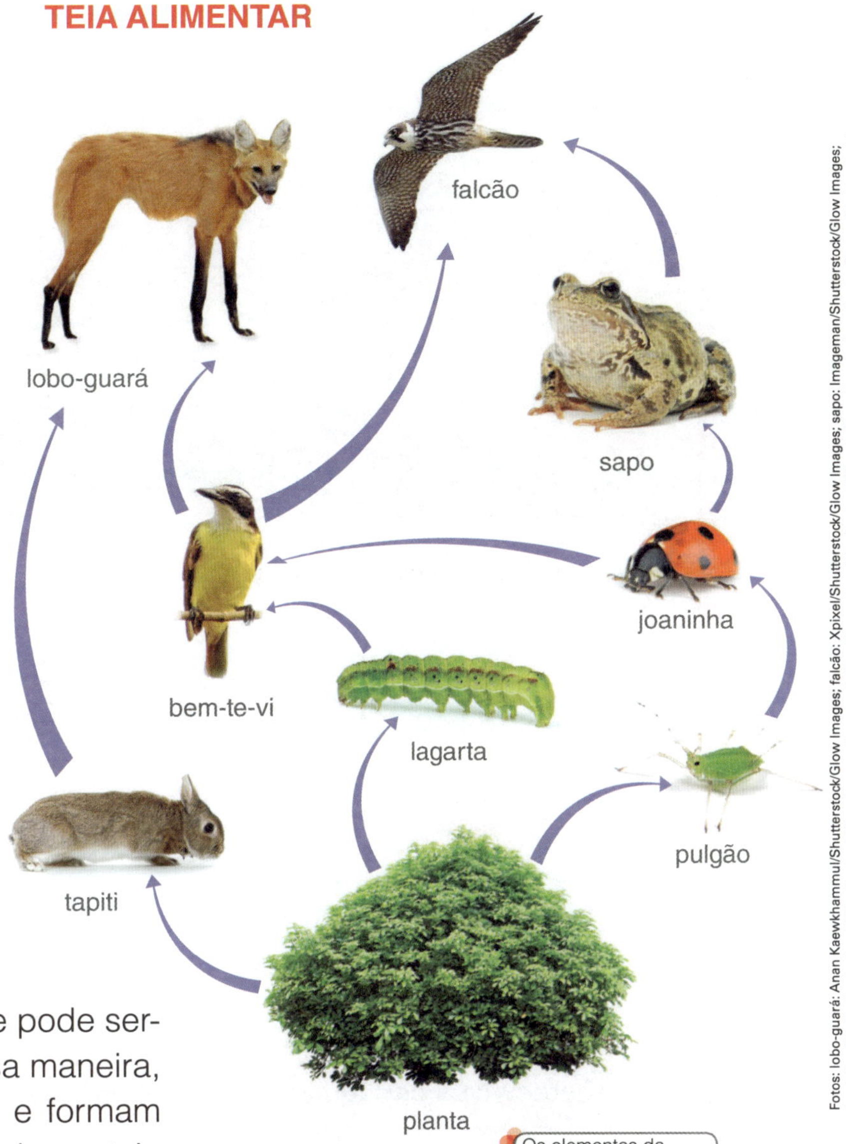

Os elementos da imagem não estão em proporção entre si.

Observe que um animal se alimenta e pode servir de alimento para vários animais. Dessa maneira, diferentes cadeias alimentares se unem e formam uma **teia alimentar**. Se um dos animais dessa teia for extinto, toda a teia será afetada.

NESTE CAPÍTULO, VOCÊ VIU QUE:

- Produtores fazem fotossíntese, produzindo seu próprio alimento.
- Consumidores se alimentam de produtores ou de outros consumidores.
- Decompositores são fungos e bactérias que decompõem os organismos mortos em substâncias simples, que voltam a servir aos produtores.
- Produtores, consumidores e decompositores formam uma cadeia alimentar.
- Várias cadeias alimentares formam uma teia alimentar.
- A extinção de qualquer ser vivo afeta toda a teia alimentar.

ATIVIDADES DO CAPÍTULO

1. Observe a tirinha abaixo e responda às questões.

a) O que está representado na tirinha?

____

b) Escreva o nome dos animais da tirinha e represente por meio de setas as relações entre eles. Considere apenas o primeiro quadrinho.

____

2. Elabore em seu caderno a teia alimentar formada por alguns consumidores de uma floresta tropical. Para isso, utilize os dados da tabela abaixo com alguns dos seres vivos que habitam a floresta e seus respectivos alimentos.

Seres vivos consumidores	Alimentos
 Paca	Plantas
 Borboleta	Plantas
 Capivara	Plantas

Fabio Colombini/Acervo do fotógrafo; Christian Musat/Shutterstock/Glow Images; Christian Musat/Shutterstock/Glow Images

Seres vivos consumidores	Alimentos
 Onça-pintada	Capivara e paca
 Perereca	Borboleta
 Jiboia	Perereca e paca

Stephen Meese/Shutterstock/Glow Images; eptiles4all/Shutterstock/Glow Images; Heiko Kiera/Shutterstock/Glow Images

3. Leia o texto abaixo e, em seguida, responda às questões.

Lixo com cheirinho de frutas

Todo mundo adora o cheiro das frutas – presente em balas, iogurtes, refrescos... Por outro lado, se há um cheirinho que todo mundo acha ruim é o cheiro de lixo, não é? Agora uma novidade: cientistas desenvolveram uma técnica para transformar lixo em aroma de frutas!

A química de alimentos Daniele Souza de Carvalho desenvolveu, na Universidade Estadual de Campinas, uma técnica para produzir aromas naturais de frutas como abacaxi e morango a partir de resíduos gerados durante a fabricação de cerveja e no processamento da mandioca.

Para isso, os resíduos são colocados em um recipiente com microrganismos (fungos, por exemplo) e, a partir do lixo, eles produzem uma substância chamada hexanoato de etila. Dependendo da quantidade de hexanoato, é possível sentir o cheiro de diferentes frutas, como pêra, pêssego, morango e abacaxi.

Aromas assim são muito importantes para a produção de iogurtes, leite fermentado e outros alimentos. Atualmente, para fabricá-los, a maioria das indústrias usa produtos químicos. Já a nova técnica aproveita resíduos que, de outra forma, seriam jogados fora e poluiriam o meio ambiente, principalmente os rios e lagos.

A produção de aromas a partir de resíduos ainda não está pronta para ser usada nas indústrias, mas os cientistas estão trabalhando para isso. "O próximo passo é produzir aromas em grandes quantidades", explica Daniele. Em breve, quem sabe, muitos alimentos já terão um delicioso perfume graças a essa tecnologia que cheira bem e ainda preserva a natureza.

ROCHA, Mariana. *Ciência Hoje das Crianças*. Disponível em: <http://chc.cienciahoje.uol.com.br/lixo-com-cheirinho-de-frutas>. Acesso em: 2 out. 2015.

Chris Messias/ Arquivo da editora

a) Que tipo de resíduos são utilizados junto com os microrganismos para que sejam produzidos os aromas?

____

____

b) Qual a importância do desenvolvimento dessa técnica na preservação do meio ambiente?

____

____

ENTENDER E PRATICAR CIÊNCIAS

ALIMENTOS QUE MUDAM DE APARÊNCIA

Existem organismos responsáveis pela decomposição das substâncias. Que tal fazer uma experiência e verificar como isso acontece com um alimento?

MATERIAL

- uma fatia de pão de forma
- fita adesiva
- saco plástico transparente sem furos
- uma colher pequena
- água

Procedimento

1. Coloque a fatia de pão de forma no saco plástico.

2. Despeje uma colher de água dentro do saco plástico.

Ilustrações: Vicente Mendonça/Arquivo da editora

3. Feche bem o saco plástico com fita adesiva.

4. Coloque o saco em um local onde a luz do Sol não bata diretamente. Sem abrir o saco plástico, observe diariamente a fatia de pão de forma durante sete dias. Ao final do experimento, jogue o saco plástico fora, sem abri-lo.

Observação e registro

Reserve uma folha do caderno para registrar o que acontece com o experimento. Você deverá fazer as anotações no primeiro, terceiro e sétimo dia, na forma de um texto explicativo com suas observações e por meio de desenhos.

LEVANTANDO HIPÓTESES

1. De acordo com a sua experiência, o que acontece com um alimento quando é guardado por algum tempo?
2. Você já viu algum alimento depois de guardado por bastante tempo? O que você observou?

Conclusão

No dia marcado pelo professor, a turma terá oportunidade de compartilhar com os colegas o resultado do experimento, por meio de um debate.

Após o debate, responda em seu caderno:

a) Por que foi necessário colocar um pouco de água no saco plástico com o pão de forma?

b) Qual foi a causa das alterações observadas no pão de forma?

CAPÍTULO

8 ECOSSISTEMAS

ECOSSISTEMAS E RELAÇÕES ENTRE SERES VIVOS

- É possível um organismo viver sem se relacionar com outros organismos ou com o ambiente?

A relação dos seres vivos entre si e deles com o meio ambiente é tão importante que temos uma ciência para estudar essas relações: a **Ecologia**. Para estudar essa relação, os seres vivos são agrupados em **níveis de organização**: indivíduos da mesma espécie e que vivem no mesmo lugar formam **populações**. Em um mesmo ambiente, o conjunto de populações de diferentes espécies chama-se **comunidade**.

André Seale/Pulsar Imagens

População de muriquis-do-norte em reserva privada localizada no município de Caratinga (MG), 2002.

Dilmar Cavalher/Arquivo da editora

População de ipês-amarelos localizada no Rio de Janeiro (RJ).

Os seres vivos relacionam-se entre si e com os elementos não vivos do ambiente, como solo, água, temperatura e luz. Esse conjunto formado por seres vivos e elementos não vivos é chamado de **ecossistema**.

Os ecossistemas podem ser aquáticos ou terrestres. Também podem ser pequenos, como uma poça de água, ou enormes, como o oceano.

Veja uma ilustração esquemática de ecossistema:

Os elementos da imagem não estão em proporção entre si.

- Cite uma relação entre os seres vivos e uma relação entre os seres vivos e o ambiente.

- Na opinião de vocês, o que aconteceria nesse ecossistema se a população de peixes desaparecesse?

TRANSFORMAÇÕES NOS ECOSSISTEMAS

- Observe a foto e seus elementos. Você acha que ela representa um ecossistema?
- Nesse local, quais elementos vivos e não vivos são essenciais para o equilíbrio ecológico?

Vilainecrevette/Shutterstock/Glow Images

Ambiente marinho em equilíbrio ecológico

Todos os elementos que formam o ecossistema, sejam vivos ou não vivos, são fundamentais para o seu equilíbrio.

Você já viu que em um ecossistema há organismos produtores, consumidores e decompositores.

Mudanças na composição das espécies de um ecossistema, como a extinção de uma espécie ou a introdução de uma espécie nova, causam transformações em todo o ecossistema.

As alterações nos ecossistemas podem ter causas naturais, como a erupção de um vulcão ou uma tempestade; assim como pelo ser humano, por meio de desmatamento, pesca desenfreada e poluição.

Observe as imagens a seguir e depois responda ao que se pede.

Bernd Mellmann/Alamy/Latinstock

A lava do vulcão Kilauea, ainda ativo no Havaí (Estados Unidos), cobriu uma grande área de floresta.

Edson Grandisoli/Pulsar Imagens

Desmatamento de florestas naturais para criação de gado bovino, em Alta Floresta (MT), 2012.

- Você acha que são alterações naturais?

____

____

- Que consequências elas podem trazer para o ecossistema?

____

____

____

Espécies invasoras

Espécies de um ambiente que são introduzidas em outro são chamadas espécies exóticas. Elas podem se tornar pragas e causar grande desequilíbrio ambiental.

Algumas espécies são introduzidas para serem criadas como espécies ornamentais ou de estimação. A ausência de predadores e a competição com espécies nativas são alguns dos fatores que fazem essas espécies tornarem-se nocivas aos ecossistemas em que chegam.

Jiang Hongyan/Shutterstock/Glow Images

A rã-touro americana é uma espécie natural da América do Norte. Atualmente ela está presente em todo o mundo e é uma ameaça às espécies nativas, pois se alimenta de diversos seres vivos, desde insetos até serpentes.

João Prudente/Pulsar Imagens

O capim-gordura é um tipo de grama originário da África. Ele foi introduzido no Brasil para compor pastos e tornou-se invasor de diversos ecossistemas. O capim-gordura cresce sobre a vegetação nativa, fazendo sombra e matando-a. Gonçalves (MG), 2010.

VIVENDO EM HARMONIA

Os seres vivos se relacionam uns com os outros e, assim, obtêm o que precisam para sobreviver ou se reproduzir. Essas **relações ecológicas** podem acontecer entre indivíduos da mesma espécie ou entre indivíduos de espécies diferentes. Quando essas relações beneficiam os indivíduos envolvidos ou apenas um deles, elas são chamadas de **harmônicas** ou **positivas**.

Veja algumas dessas relações a seguir.

RELAÇÕES ENTRE INDIVÍDUOS DA MESMA ESPÉCIE

Você já viu um coral? Corais são animais coloridos e vistosos que vivem no mar. Esses animais crescem unidos uns aos outros, formando o que chamamos de **colônias**.

Ethan Daniels/Shutterstock/Glow Images

Numa colônia, como a de corais, os indivíduos são semelhantes e vivem unidos uns aos outros.

Você certamente conhece as formigas! Esses animais são chamados de **insetos sociais** porque formam **sociedades** organizadas. Ao contrário das colônias, os indivíduos nas sociedades não estão ligados fisicamente entre si. Nelas, existe divisão de funções, cooperação e comunicação entre os membros.

- **Converse com um colega e pensem em outros animais que vivem em sociedade.**

Michael & Patricia Fogden/Corbis

Em um formigueiro, algumas formigas cuidam dos ovos; outras, da alimentação, da defesa e da limpeza.

RELAÇÕES ENTRE INDIVÍDUOS DE ESPÉCIES DIFERENTES

Mutualismo é uma relação benéfica e necessária para as duas espécies envolvidas. É o caso de insetos polinizadores, como as abelhas, e de algumas plantas com flores. Os insetos retiram das plantas néctar e pólen, dos quais se alimentam; e as plantas têm suas flores polinizadas pelos insetos, conseguindo assim se reproduzir.

Ikordela/Shutterstock/Glow Images

Inseto polinizador e planta estabelecem relação de mutualismo. Na foto, abelha suga o néctar de uma flor.

Cooperação é uma relação parecida com a do mutualismo. Na cooperação, as duas espécies se beneficiam pela convivência, mas não dependem dessa relação para sobreviver.

Luciano Candisani/kino.com.br

Ave pousada sobre boi se alimenta de carrapatos e outros invertebrados.

Comensalismo é uma relação entre espécies em que apenas uma delas é beneficiada ao se alimentar dos restos deixados pela outra espécie, sem prejudicá-la.

Célio Messias/Agência Estado

Restos de alimentos descartados pelo ser humano são comidos pelos urubus.

Algumas plantas pequenas, como samambaias, musgos, orquídeas e bromélias, podem crescer sobre o tronco de árvores, onde podem receber mais luz. Nessa relação somente as plantas pequenas são beneficiadas, mas não causam nenhum problema para as árvores nas quais se apoiam. Esse tipo de relação chama-se **inquilinismo**.

Efrain Padro/Alamy/Glow Images

Muitas espécies de plantas pequenas crescem no alto do tronco de árvores.

JOGO DE GATO E RATO

Há também relações em que um dos envolvidos é beneficiado enquanto o outro é prejudicado. Neste caso, as relações são chamadas **desarmônicas** ou **negativas**.

Veja alguns exemplos a seguir.

RELAÇÕES ENTRE INDIVÍDUOS DE ESPÉCIES DIFERENTES

A **herbivoria** é a relação que ocorre entre um animal herbívoro e a planta que faz parte de sua dieta alimentar. Nela o animal se beneficia, porém a planta é prejudicada.

Edson Grandisoli/Pulsar Imagens

O bicho-preguiça vive em árvores e se alimenta de folhas, em Manaus (AM), 2012.

Fabio Colombini/Acervo do fotógrafo

A coruja é um animal predador, ou seja, se alimenta de outros animais.

A **predação** é uma relação que ocorre quando um animal (predador) mata outro animal (presa) para se alimentar. O predador é beneficiado, enquanto a presa é prejudicada.

Se você já ficou gripado alguma vez, sabe como é se relacionar com um parasita, no caso da gripe, um vírus. O **parasitismo** ocorre quando um ser vivo se alimenta de outro ser vivo, prejudicando-o sem matá-lo, pelo menos não imediatamente. Os parasitas podem ser microrganismos, animais (por exemplo, pernilongos e vermes) ou vegetais.

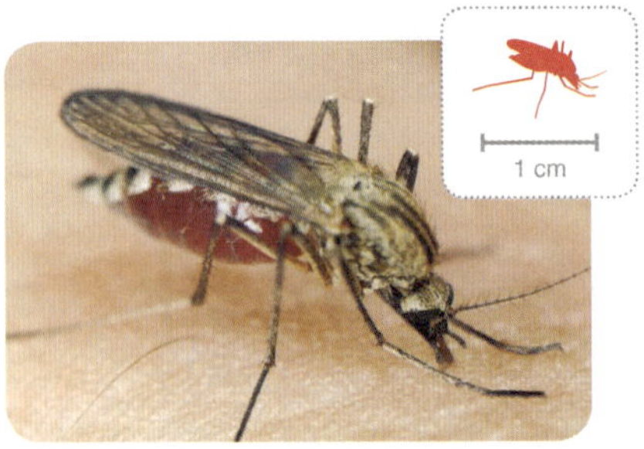

Henrik Larsson/Shutterstock/Glow Images

O pernilongo é um parasita que se alimenta do sangue de outros animais.

Fabio Colombini/Acervo do fotógrafo

O cipó-chumbo é uma planta que parasita outras plantas, retirando delas seu alimento. Na foto, plantas localizadas em área de Mata Atlântica no estado do Paraná.

RELAÇÕES ENTRE INDIVÍDUOS DA MESMA ESPÉCIE

- Com certeza você conhece competições esportivas. Mas será que existe competição na natureza? Converse com um colega e pensem em uma situação em que há disputa entre seres vivos.

A **competição** pode ocorrer tanto entre indivíduos da mesma espécie como de espécies diferentes, vegetais ou animais. Ela é gerada pela disputa por território, água, alimentos, parceiros para reprodução, etc.

Sarah Jessup/Shutterstock/Glow Images

Carneiros selvagens machos em disputa por fêmeas ou território.

O **canibalismo** é uma relação de predação que ocorre quando um ser vivo se alimenta de outro da mesma espécie. Essa relação é comum em algumas espécies. Um exemplo é a fêmea do louva-a-deus, que devora o macho logo após o acasalamento.

acasalamento: união de macho e fêmea para procriação.

Peter Blottman/Alamy/Latinstock

Seres que vivem fixos, como mexilhões, algas e plantas, apresentam intensa competição por espaço. Na foto vemos uma população de mexilhões (de concha escura) competindo por espaço com cracas (de coloração amarelada).

Oliver Koemmerling<www.capturedphotons.com/gallery2/v/Macros/Mantis/MantisCannibalis/>

Fêmea de louva-a-deus se alimentando do macho da mesma espécie. Essa situação é chamada de canibalismo.

NESTE CAPÍTULO, VOCÊ VIU QUE:

- Seres vivos de uma comunidade se relacionam entre si e com os elementos não vivos de um ambiente, formando um ecossistema.
- A modificação em um elemento do ecossistema pode alterá-lo totalmente.
- Os ecossistemas se transformam por razões naturais ou pela ação do ser humano.
- Para sobreviver ou se reproduzirem, os seres vivos estabelecem relações ecológicas.
- Colônia, sociedade, mutualismo, cooperação, comensalismo, inquilinismo, herbivoria, predação, parasitismo, competição, canibalismo são exemplos de relações ecológicas.

ATIVIDADES DO CAPÍTULO

1. Observe a foto a seguir e responda às questões.

Área desmatada na floresta amazônica.

a) De que forma esse ecossistema foi alterado?

____

b) Qual foi o agente causador dessa alteração?

____

____

c) De que maneira essa alteração afeta o ecossistema?

____

____

____

____

____

2. Leia o texto a seguir.

Exército vermelho

Norbert Eisele-Hein/Glow Images

Caranguejo-rei nas mãos de um mergulhador da Noruega, em 2008. A espécie chega a pesar 12 quilos e pode medir 1,5 metro da ponta de uma pata à outra.

Nos anos 1960, cientistas soviéticos introduziram alguns caranguejos-rei no mar de Barents, perto da Noruega, para que servissem de alimento aos habitantes que colonizavam a região. Funcionou: os crustáceos se adaptaram ao novo endereço e viraram uma fonte de proteína e renda para os aldeões. Mas os cientistas soviéticos não imaginavam o problema ambiental que aquilo iria gerar no futuro.

Sem predadores na fase adulta, os caranguejos se espalharam sem controle. Nos anos 1970, já tinham chegado à Dinamarca e à Alemanha. Hoje, estima-se que haja 20 milhões se acotovelando nos mares do norte. Vorazes, eles dizimam as ovas dos peixes (principalmente bacalhau), consomem as algas e aniquilam populações inteiras de moluscos, estrelas-do-mar e ouriços. De quebra, ainda destroçam as redes dos pescadores.

[...] O problema é que eles viraram uma praga que as autoridades simplesmente não sabem como deter. Ambientalistas temem que esse "exército vermelho" continue sua marcha rumo às águas mais quentes dos mares do sul, pondo em risco também a vida marinha do Mediterrâneo.

Adaptado de: SZKLARZ, Eduardo. Espécies invasoras. *Superinteressante*, São Paulo, 26 maio 2015. Disponível em: <http://super.abril.com.br/mundo-animal/especies-invasoras-686396.shtml>. Acesso em: 10 set. 2015.

a) Qual a justificativa usada para introduzir o caranguejo-rei no ecossistema do mar de Barents?

b) Ao consumir as ovas de peixes, principalmente do bacalhau, que impacto o caranguejo-rei pode gerar na economia e na vida das pessoas da região?

LEITURA DE IMAGEM

PESCA PREDATÓRIA

Você sabe de onde vem o camarão que comemos? Boa parte do camarão que consumimos é proveniente da pesca de arrasto. O camarão é um animal que vive no fundo do mar onde se alimenta de restos de outros animais. Ele nada muito pouco, preferindo caminhar pelo fundo em busca de alimento.

Angelo Giampiccolo/Shutterstock

Camarão.

A pesca de arrasto, prática utilizada para pegar camarões, consiste em jogar uma enorme rede que é arrastada pelo fundo. Como o camarão é relativamente pequeno, a rede tem vãos muito pequenos para capturá-lo. Porém ela não captura apenas o camarão, mas também tudo que encontra pela frente: peixes, corais, conchas, raias, tubarões e muitos filhotes de peixes que acabam morrendo. Estima-se que para cada camarão capturado três outras espécies são jogadas, sem vida, de volta ao mar.

OBSERVE

Reprodução/<http://petition.bloomassociation.org/>

Projeto LUMIRÁ

Ciências 4

Miniatlas Seres vivos

editora ática

editora ática

Diretoria editorial
Lidiane Vivaldini Olo
Gerência editorial
Luiz Tonolli
Editora responsável
Heloisa Pimentel
Coordenação da edição
Isabel Rebelo Roque
Edição
Daniella Drusian Gomes
Gerência de produção editorial
Ricardo de Gan Braga
Arte
Andréa Dellamagna (coord. de criação),
Talita Guedes (progr. visual de capa e miolo),
André Gomes Vitale (coord.),
Mauro Roberto Fernandes (edição e diagram.)
Revisão
Hélia de Jesus Gonsaga (ger.), Rosângela Muricy (coord.),
Célia da Silva Carvalho, Gabriela Macedo de Andrade,
Luís Maurício Boa Nova e Paula Teixeira de Jesus,
Brenda Morais e Gabriela Miragaia (estagiárias)
Iconografia
Sílvio Kligin (superv.),
Denise Durand Kremer (coord.),
Roberta Freire Lacerda Santos (pesquisa)
Cesar Wolf e Fernanda Crevin (tratamento de imagem)
Ilustrações
Estúdio Icarus CII – Criação de Imagem (frontispício) e
Shutterstock/Arquivo da editora

Direitos desta edição cedidos à Editora Ática S.A.
Avenida das Nações Unidas, 7221, 3º andar, Setor A
Pinheiros – São Paulo – SP – CEP 05425-902
Tel.: 4003-3061
www.atica.com.br / editora@atica.com.br

Dados Internacionais de Catalogação na Publicação (CIP)
(Câmara Brasileira do Livro, SP, Brasil)

Projeto Lumirá : ciências : 2º ao 5º ano / obra coletiva concebida pela Editora Ática ; editora responsável Heloisa Pimentel. – 2. ed. – São Paulo : Ática, 2016. – (Projeto Lumirá : ciências)

1. Ciências (Ensino fundamental) I. Pimentel, Heloisa. II. Série.

16-01516 CDD-372.35

Índices para catálogo sistemático:
1. Ciências : Ensino fundamental 372.35

2016
ISBN 978 85 08 17870 4 (AL)
ISBN 978 85 08 17871 1 (PR)
Cód. da obra CL 739146
CAE 565 905 (AL) / 565 906 (PR)

2ª edição
1ª impressão

Impressão e acabamento
Corprint Gráfica e Editora Ltda.

EDITORA AFILIADA

Créditos das fotos:

Página 3: Shutterstock/Arquivo da editora. **Página 4:** [1] Daniel Poloha/Shutterstock; [2] Fabio Colombini/Acervo do fotógrafo. **Página 5:** Stephen Coburn/Shutterstock/Glow Images. **Página 6:** [1] Steve Gschmeissner/SPL/Latinstock; [2] Dennis Johnson/Corbis/Latinstock; [3] Daniel Poloha/Shutterstock; [4] Alex Ribeiro/Arquivo da editora; [5] Fabio Colombini/Acervo do fotógrafo; [Fundo] Normad Soul/Shutterstock/Glow Images. **Página 7:** [1] Fabio Colombini/Acervo do fotógrafo; [2] Brian Lasenby/Shutterstock/Glow Images. **Página 8:** [1] Palê Zuppani/Pulsar Imagens; [2] Gary Yeowell/The Image Bank/Getty Images; [3] SPL/Latinstock; [4] V. C. L./Keystone. **Página 9:** [1] [3] Fabio Colombini/Acervo do fotógrafo; [2] Roberto Tetsuo Okamura/Shutterstock; [4] patpitchaya/Shutterstock; [Fundo] Fabio Colombini/Acervo do fotógrafo. **Página 10:** [1] Peter Scoones/Science Photo Library/Latinstock; [2] Norbert Wu/Latinstock; [3] aquapix/Shutterstock; [4] Matthew Oldfield, Scubazoo/Science Photo Library; [Fundo] Rich Carey/Shutterstock. **Página 11:** [1] [2] [3] [4] [5] Fabio Colombini/Acervo do fotógrafo; [Fundo] Sruenkam/Shutterstock/Glow Images. **Página 12:** [1] James Marshall/Corbis; [2] Fabio Colombini/Acervo do fotógrafo; [3] Gregory G. Dimijian/Photo Researchers, Inc./Latinstock; [Fundo] Rich Carey/Shutterstock. **Página 13:** [1] [2] Fabio Colombini/Acervo do fotógrafo; [3] Cbpix/Shutterstock/Glow Images. **Página 14:** [1] Ivan Sazima/Reflexo; [2] Ondrej Prosicky/Shutterstock. **Página 15:** [1] Ricardo Cavalcanti/kino.com.br; [2] [3] [5] Fabio Colombini/Acervo do fotógrafo; [4] Eric Isselee/Shutterstock. **Páginas 16 e 17:** [1] [2] [4] [5] [6] Fabio Colombini/Acervo do fotógrafo; [3] Remy Musser/Shutterstock/Glow Images. **Páginas 18 e 19:** [1] Johann Brandstetter/Akg/Album/Latinstock; [2] [3] [7] Joe Tucciarone/Science Photo Library/Latinstock; [4] Roger Harris/Science Photo Library/Latinstock; [5] Joe Tucciarone/Science Photo Library/Latinstock; [6] Roger Harris/Science Photo Library/Latinstock; [8] Dorling Kindersley/Corbis/Latinstock. **Páginas 20 e 21:** Fabio Colombini/Acervo do fotógrafo. **Página 22:** [1] Four Oaks/Shutterstock/Glow Images; [2] Shin Yoshiro/Minden Pictures/Latinstock. **Página 23:** [1] Michael James/Photo Researchers, Inc.; [2] Stephen Coburn/Shutterstock/Glow Images; [3] Stephen Belcher/Foto Natura/Miden Pictures/Latinstock; [4] Darrin Henry/Shutterstock/Glow Images; [5] Antony Bannister/Gallo Images/Corbis; [6] Richard Peterson/Shutterstock/Glow Images; **Página 24:** Shutterstock/Arquivo da editora.

MINIATLAS

Ao longo dos anos de estudo, você conheceu bastante sobre os seres vivos e pôde se maravilhar com a diversidade de plantas, animais e outros seres que existem em nosso planeta.

Neste **Miniatlas – Seres vivos** você vai encontrar mais informações e algumas curiosidades sobre os seres vivos para aprender e se interessar cada vez mais por esse assunto.

Esperamos que você se encante e se divirta!

SUMÁRIO

12 ANIMAIS VERTEBRADOS

ALGAS E PLANTAS

As algas, assim como as plantas, possuem clorofila e realizam fotossíntese. Elas vivem na água doce, salgada e em solos úmidos.

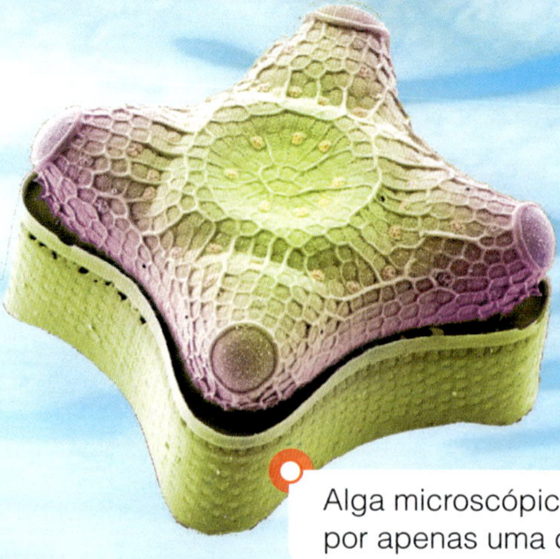

Alga microscópica formada por apenas uma célula.

Alga verde, também chamada de alface do mar.

Rodófita, ou alga vermelha.

CURIOSIDADE

A culinária japonesa tem um rolinho de arroz coberto por nori, que é um tipo de folha feita a partir de algas marinhas.

Alga de coloração marrom, que pode atingir muitos metros de comprimento.

Os musgos e samambaias foram as primeiras plantas terrestres a surgir na Terra, há aproximadamente 430 milhões de anos. Essas plantas não possuem sementes, flores nem frutos.

Samambaia

CURIOSIDADE

Há aproximadamente 297 milhões de anos existiam samambaias gigantes com até 30 metros de altura. O ambiente no planeta era formado por imensas florestas de samambaias.

Os musgos são plantas pequenas que formam um tipo de tapete verde em locais úmidos e sombreados.

Musgo

Pinheiros, sequoias, cicas e ciprestes são plantas terrestres bem adaptadas aos climas frios.
Não produzem frutos, apenas sementes.

O pinheiro-do-paraná, também conhecido como araucária, é um exemplo de pinheiro encontrado no Brasil.

Ciprestes são árvores com a copa em formato de cone.

A cica, ou palmeira sagu, é uma planta muito utilizada na ornamentação de jardins.

CURIOSIDADE

Uma espécie de sequoia chega a atingir mais de 100 metros de altura!

As plantas que produzem flores, frutos e sementes apresentam grande variedade de formas, tamanhos e cores.
Veja alguns exemplos.

Feijão. A semente do feijão é parte importante da nossa alimentação.

Ipê-rosa, que costuma florir de junho a setembro.

Plantação de feijão.

Cultura de coqueiros, típicos do Nordeste brasileiro.

ANIMAIS INVERTEBRADOS

Os animais que não possuem coluna vertebral são chamados de invertebrados. Com uma extraordinária variedade de formas e tamanhos, os invertebrados estão distribuídos em diversos tipos de ambiente.

Os polvos são exclusivamente marinhos. Eles possuem oito braços ao redor da boca.

A estrela-do-mar é um animal predador.

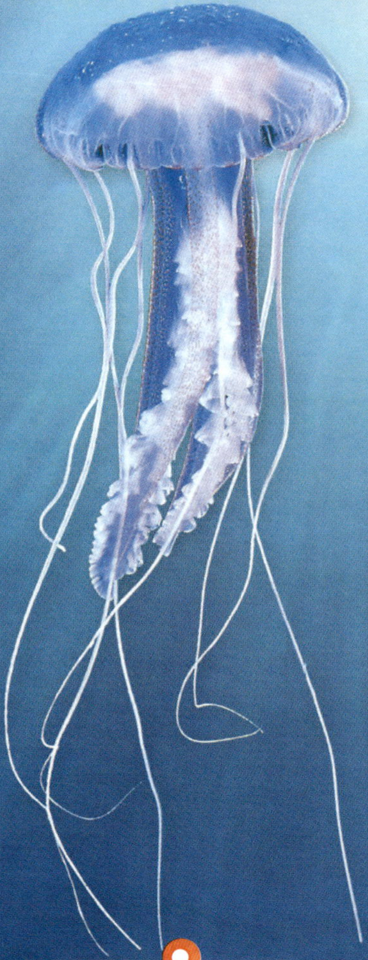

A água-viva é um animal marinho com tentáculos que possuem substâncias tóxicas.

Esponjas são organismos aquáticos que apresentam grande variedade de formas, cores e tamanhos.

Na página ao lado você viu alguns invertebrados aquáticos. Agora veja exemplos de invertebrados terrestres.

A aranha-caranguejeira possui cerdas urticantes no abdome. Ao se sentir ameaçada, a aranha esfrega as pernas traseiras no abdome, liberando essas cerdas para afastar um possível predador.

A picada do escorpião-marrom pode ser muito perigosa.

O louva-a-deus tem um corpo que fica camuflado, confundindo-se com a vegetação onde vive.

A minhoca é um animal que vive embaixo da terra e escava solos úmidos.

CURIOSIDADE

O besouro-rinoceronte, que pesa cerca de 100 gramas e mede entre 3 centímetros e 6 centímetros de comprimento, levanta até 850 vezes o próprio peso!

ANIMAIS VERTEBRADOS

PEIXES

Os peixes, assim como os demais vertebrados, possuem um esqueleto interno com uma coluna vertebral.

Muitas características dos peixes são adaptações à vida aquática: o tipo de respiração, o corpo coberto por escamas ou couro, as nadadeiras e a cauda.

O baiacu é um peixe com a capacidade de inflar até três vezes o tamanho original do seu corpo quando se sente ameaçado.

Tubarões são peixes com o esqueleto de cartilagem.

O cavalo-marinho possui uma cabeça alongada e filamentos que lembram a crina de um cavalo.

Raias possuem nadadeiras laterais grandes e fundidas com a cabeça.

A piranha é um peixe típico dos rios e alimenta-se, na maior parte dos casos, de outros animais.

CURIOSIDADE

Os peixes dormem?

Os peixes não dormem como os seres humanos: como não têm pálpebras, seus olhos ficam sempre abertos. Porém, existem momentos em que a atividade física dos peixes diminui bastante e eles ficam imóveis, em estado de repouso.

A população de peixes-palhaço vem sofrendo grande impacto em virtude da pesca para fins ornamentais.

ANFÍBIOS

No início de seu ciclo de vida, os anfíbios respiram por brânquias, como os peixes. Quando adultos, eles deixam de depender exclusivamente do ambiente aquático para sobreviver e passam a viver em *habitat* terrestre. Nesse estágio da vida, realizam a respiração pulmonar. Como os seus pulmões são simples, esses animais também realizam trocas de gases com o meio ambiente através da pele.

As cobras-cegas, ou cecílias, são animais sem membros, que podem chegar a 1,5 metro de comprimento.

As salamandras possuem membros e cauda e são carnívoras.

Sapos, rãs e pererecas são anfíbios sem cauda, bastante comuns em ambientes próximos de água doce e possuem capacidade de saltar.

A maioria dos anfíbios é ovípara e os jovens geralmente sofrem metamorfose.

O sapo pingo-de-ouro é um dos menores do mundo e vive apenas em alguns trechos da Mata Atlântica.

As pererecas costumam viver em plantas e galhos de árvores e são ótimas saltadoras.

As rãs são anfíbios que vivem próximo a lagoas e costumam ser boas nadadoras.

O axolote é um tipo de salamandra que conserva durante toda a vida brânquias externas, uma característica do estado larval.

CURIOSIDADE

As espécies venenosas de anfíbios possuem substâncias na pele capazes de intoxicar o predador que tentar comê-las e costumam ter cores vivas e brilhantes. Essa cor chamativa é denominada coloração de advertência.

RÉPTEIS

Os répteis foram os primeiros vertebrados a conquistar com sucesso o ambiente terrestre.

Esses animais têm pele impermeável, seca, revestida por escamas, placas ou carapaças.

O nome réptil vem do latim *reptare*, que significa 'rastejar'. O modo de locomoção mais comum dos répteis é o rastejamento. Há répteis que se movem na água e possuem pernas modificadas em forma de remo, o que facilita a natação.

As tartarugas, jabutis e cágados são animais que possuem um casco que protege o corpo.

A tartaruga-verde habita os oceanos nas regiões equatoriais e tropicais.

O jabuti possui a carapaça bem arqueada e pernas fortes.

Os crocodilos e jacarés são répteis cujo corpo é coberto por escamas e placas ósseas. São carnívoros e passam a maior parte do tempo dentro da água.

CURIOSIDADE

Nos crocodilianos, na maioria das tartarugas e em alguns lagartos, o sexo do filhote é determinado pela temperatura ambiente durante o desenvolvimento do ovo.

As jiboias não possuem veneno e matam suas presas por contração muscular. Também possuem dentes afiados.

O corpo dos lagartos e das serpentes é coberto por escamas. Algumas serpentes são peçonhentas (venenosas); outras, não.

A coral-verdadeira utiliza o veneno para capturar suas presas.

Os teiús gostam de tomar sol e podem se alimentar de vegetais, de outros animais, de ovos ou de carniça.

DINOSSAUROS

Os dinossauros se espalharam pelo ambiente terrestre entre 230 milhões e 65 milhões de anos atrás, ou seja, muito antes do aparecimento dos seres humanos no planeta.

Os primeiros dinossauros eram pequenos, mas alguns que vieram depois foram os maiores animais que já habitaram a Terra.

Velocirraptor, com 3 metros de comprimento e 1 metro de altura, caçava em bandos.

Compsógnato, cujo nome significa 'mandíbula elegante', viveu na Europa durante o Período Jurássico.

O argentinossauro chegou a ser o segundo maior dinossauro que viveu na Terra, chegando a pesar 100 toneladas.

CURIOSIDADE

Os pterossauros eram répteis voadores, mas não faziam parte do grupo dos dinossauros.

Os elementos da imagem não estão em proporção entre si.

A extinção dos dinossauros ocorreu há cerca de 65 milhões de anos, e sua causa ainda é discutida pelos cientistas. As hipóteses levantadas são relacionadas a catástrofes naturais: o impacto de um meteorito com a Terra e erupções vulcânicas que deixaram o planeta coberto por uma camada de poeira e gases tóxicos.

Estegossauro, com 5 metros de altura e 7 metros de comprimento.

O braquiossauro foi um dinossauro herbívoro, e seus membros anteriores eram maiores que os posteriores, deixando o tronco inclinado.

Triceratope, herbívoro com 4 metros de altura e 9 metros de comprimento.

Tiranossauro, com 15 metros de altura e 12 metros de comprimento.

AVES

As aves formam um grupo com mais de 9 mil espécies distribuídas por todo o planeta e são os únicos animais que apresentam penas.

As aves não possuem dentes e seus membros anteriores são modificados em asas. Essas e outras características tornam possível o voo para esses animais.

Acredita-se que as aves surgiram graças a um grupo de pequenos dinossauros carnívoros.

O bem-te-vi é uma ave que vive entre o México e a Argentina e possui um canto característico.

A ararajuba está ameaçada de extinção. Atualmente existem menos de 3 mil aves dessa espécie.

Todas as aves são ovíparas. A alimentação varia de acordo com a espécie, podendo incluir sementes, frutas, néctar, insetos e vertebrados, além de restos de animais.

O beija-flor se alimenta exclusivamente do néctar das flores.

A ema é um pássaro que não voa, mas utiliza as asas para se equilibrar quando corre.

O pinguim não voa, mas é um ótimo nadador, possui o corpo em forma de torpedo e utiliza as asas para nadar.

A coruja é uma caçadora que possui os sentidos da visão e audição muito apurados.

CURIOSIDADE

Muitos dos ossos das aves são ocos, o que torna o esqueleto desses animais muito leve. Isso diminui o esforço necessário para o animal levantar voo e se manter no ar. Mesmo as aves incapazes de voar, como as galinhas, possuem ossos ocos.

MAMÍFEROS

Nós, seres humanos, pertencemos ao grupo dos mamíferos. O nome mamíferos indica uma característica exclusiva do grupo: as fêmeas possuem glândulas mamárias, que produzem leite para alimentar os filhotes. Outra característica exclusiva desse grupo são os pelos.

Há mamíferos carnívoros, herbívoros e onívoros.

CURIOSIDADE

Quase todos os mamíferos são vivíparos. O ornitorrinco, encontrado na Austrália e na Tasmânia, é uma exceção: é um mamífero que bota ovo.

Os mamíferos ocupam uma grande variedade de ambientes, aquáticos e terrestres, em nosso planeta.

Os filhotes de canguru nascem prematuros e terminam o desenvolvimento na bolsa que a mãe possui na barriga.

Cadela amamentando seus filhotes.

Os gorilas vivem nas florestas tropicais da África.

Os ser humano faz parte desse grupo de animais.

Existem mamíferos muito pequenos, como o musaranho, e outros muito grandes, como o elefante.

Musaranho

O elefante é o maior animal terrestre, podendo chegar a pesar 6 toneladas.

Viu como é grande a diversidade dos seres vivos? Impressionante, não é?

Nesta página, você pode personalizar o seu **Miniatlas – Seres vivos**. Procure em revistas ou na internet imagens do ser vivo que mais lhe chamou atenção e cole-as aqui, ou faça um desenho dele.

Não se esqueça de indicar a classificação do ser vivo e de colocar alguma curiosidade sobre ele.

Depois, compartilhe com seus amigos!

ANALISE

1. Que tipo de hábito alimentar tem o camarão?

2. Algumas vezes a pesca de arrasto é considerada uma atividade predatória. Explique o que isso quer dizer?

3. Mais de três quartos de todos os animais capturados são devolvidos ao mar sem vida. Considerando que os camarões também foram capturados e que eles se alimentam de detritos, o que você acha que acontecerá com os restos dos animais mortos?

RELACIONE

4. Reúna-se com um colega e conversem sobre os impactos da pesca de arrasto no ambiente. Proponham:

a) algo que cada pessoa pode fazer para diminuir os danos ambientais causados pela pesca do camarão;

b) uma atitude que o governo ou a sociedade podem tomar para diminuir esses danos.

CAPÍTULO

9 AÇÕES HUMANAS NO MEIO AMBIENTE

POLUIÇÃO

As atividades humanas provocam diversas formas de poluição: do ar, dos rios, dos mares e do solo. Tudo isso afeta o equilíbrio dos ecossistemas do planeta.

EFEITO ESTUFA

- **Você já ouviu falar em efeito estufa? Escreva o que você imagina ou sabe sobre esse fenômeno.**

____

____

Você já sabe que a Terra é envolvida por uma camada de gases chamada atmosfera. O **efeito estufa** é um fenômeno provocado por determinados gases da atmosfera, como o gás carbônico e o metano. Esse fenômeno ajuda a controlar a temperatura do planeta e é essencial para a vida na Terra.

Acompanhe o esquema a seguir.

Os elementos da imagem não estão em proporção entre si.

Júlio Dian/Arquivo da editora

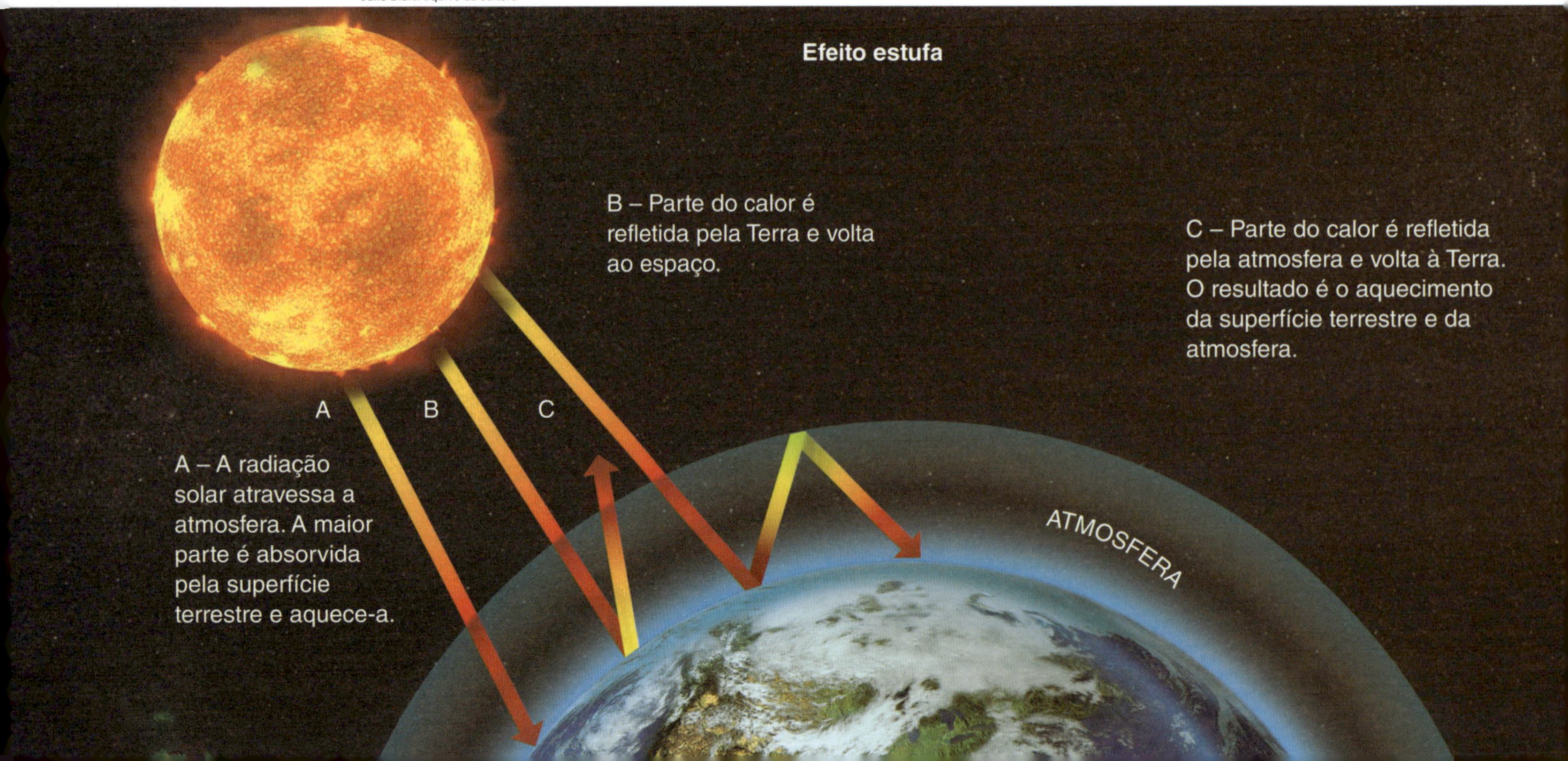

Mas será que o efeito estufa é sempre positivo?

Alguns fenômenos naturais – como atividade de vulcões – e algumas ações humanas – como queimadas feitas de propósito, utilização de veículos motorizados, atividades industriais e pecuárias – são fonte de gás carbônico e metano. O aumento das ações humanas tem elevado a concentração desses gases na atmosfera e, com isso, faz com que o efeito estufa aumente.

Essa expansão do efeito estufa pode trazer consequências sérias, como o derretimento do gelo dos polos e o aumento do nível do mar. O clima seria alterado, provocando inundações em algumas regiões e seca em outras.

Guentermanaus/Shutterstock/Glow Images

Queimadas podem ser naturais ou provocadas pelo ser humano. A foto mostra área de Floresta Amazônica queimada para criação de gado.

Gubin Yury/Shutterstock/Glow Images

Os veículos motorizados e a atividade industrial são as principais fontes de gás carbônico.

CAMADA DE OZÔNIO

Outro gás, o ozônio, forma uma camada na atmosfera que filtra os raios ultravioleta (UV-B e UV-C) do Sol. Esses raios causam uma série de problemas aos seres vivos: matam diversos microrganismos, prejudicam as plantas e, em animais, podem causar queimaduras e até câncer de pele.

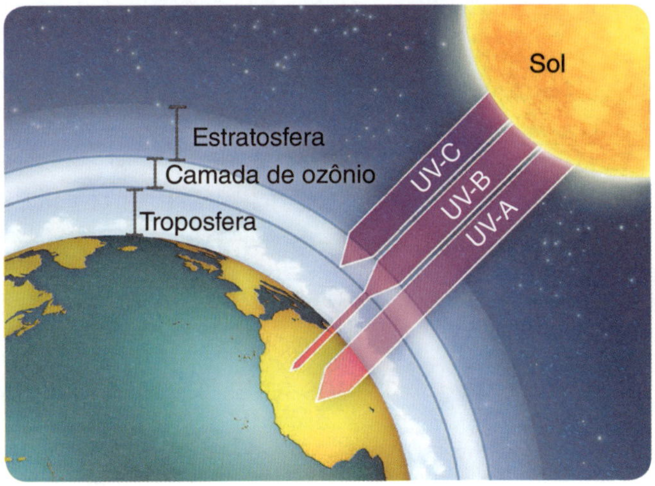

Andrea Danti/Shutterstock

Cientistas descobriram que a camada de ozônio está diminuindo e, com isso, cada vez mais raios ultravioleta chegam à superfície da Terra.

As principais causas da diminuição da camada de ozônio são a emissão na atmosfera de substâncias conhecidas como CFC (abreviação de clorofluorcarbonetos), presentes, por exemplo, em *sprays* e geladeiras. Por isso, vários países proibiram as indústrias de usar CFC.

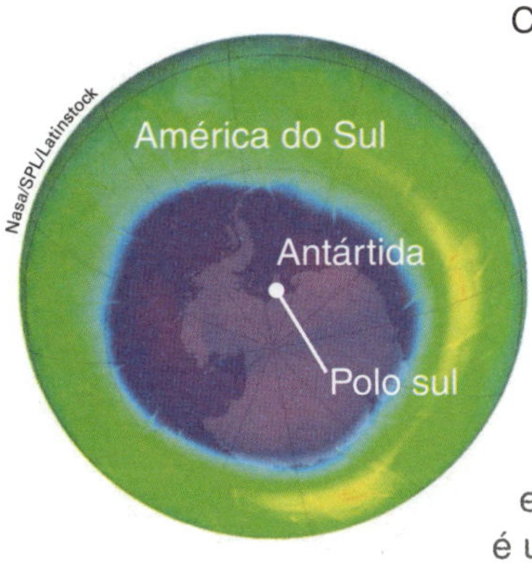

Nasa/SPL/Latinstock

Figura que mostra menor concentração de ozônio sobre a Antártida. As cores representam a quantidade de ozônio: verde e amarelo representam mais ozônio; e azul e roxo representam menos ozônio. A menor quantidade de ozônio na atmosfera é um fenômeno erroneamente chamado de "buraco de ozônio".

DESMATAMENTO E REFLORESTAMENTO

Observe a charge ao lado.

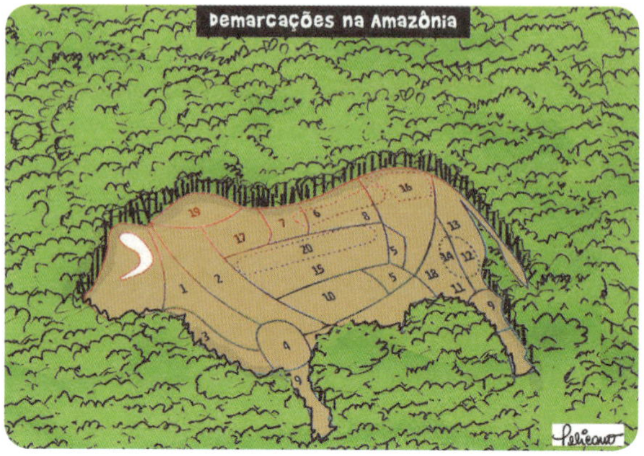

Pelicano/Acervo do cartunista

- O cartunista fez uma brincadeira e mostrou uma área desmatada em formato de boi. O que ele quis dizer com isso?

- O que você e sua família podem fazer para evitar o desmatamento das florestas para a criação de gado?

Grandes áreas de florestas e matas são desmatadas para criação de gado, agricultura, retirada de madeira, mineração ou construção de cidades.

O **desmatamento** altera o solo, que fica sem proteção contra os desgastes causados pela ação do sol, da chuva e do vento. Essa destruição deixa o solo menos fértil, impedindo que os vegetais se desenvolvam.

T Photography/Shutterstock/Glow Images

A agricultura é o maior responsável pelo desmatamento de florestas no país.

Rich Carey/Shutterstock

Grande parte do desmatamento é feita para a construção.

Daz Stock/Shutterstock

O corte de madeira também é responsável pelo desmatamento.

Kekartash/Shutterstock

A retirada da vegetação aumenta o desgaste do solo.

Os mapas abaixo mostram as áreas do Brasil cobertas pela Mata Atlântica por volta de 1500 e no ano 2012.

- **O que aconteceu com a Mata Atlântica nesses 512 anos?**

____

____

____

Outra consequência negativa do desmatamento é a destruição da moradia de muitos animais. Além disso, os animais herbívoros ficam sem alimento. Com isso, outros animais da teia alimentar são afetados.

A remoção das árvores também afeta o clima de uma região. Isso ocorre porque as plantas transpiram, contribuindo para a umidade do ar, e absorvem gás carbônico da atmosfera, um dos gases responsáveis pelo efeito estufa.

Diversos países têm discutido formas de recuperar florestas. Uma das possibilidades é o **reflorestamento**. **Reflorestar** significa 'plantar árvores em áreas desmatadas'.

Mata Atlântica (1500)

Mapas: Mário Yoshida/Arquivo da editora

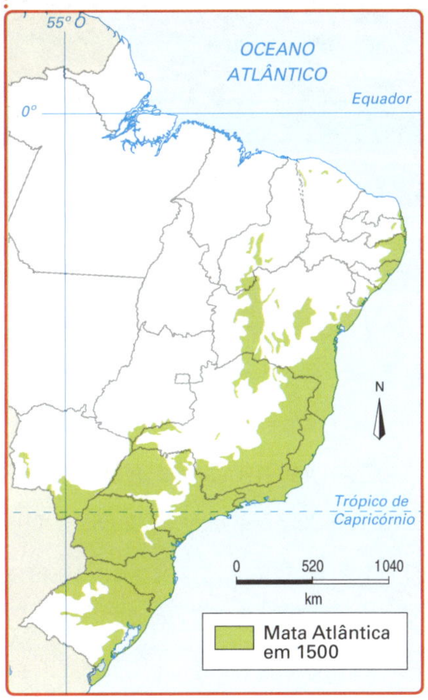

Adaptado de: ANUÁRIO MATA ATLÂNTICA. Disponível em: <http://rbma.org.br/anuario/ mata_03_anosdedesttuicao.asp>. Acesso em: 2 out. 2015.

Mata Atlântica (2012)

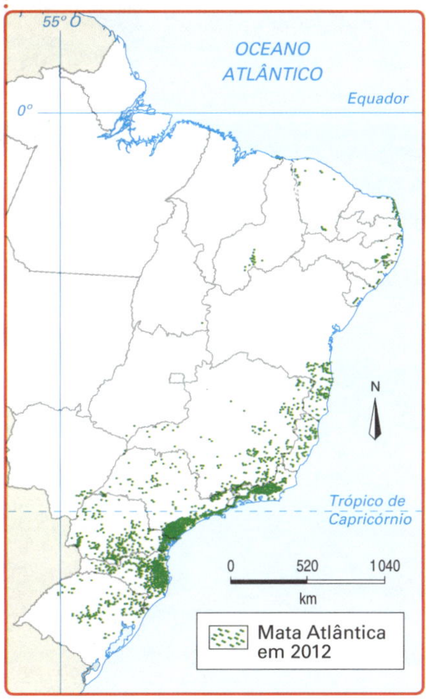

Adaptado de: ATLAS DOS REMANESCENTES FLORESTAIS 2012. Disponível em: <http://mapas.sosma.org.br>. Acesso em: 3 out. 2015.

Renato Sette Camara/<www.empresaolimpica.rio.rj.gov.br>

Reflorestamento em área de manguezal na Barra da Tijuca, no Rio de Janeiro (RJ).

PRESERVAÇÃO E SUSTENTABILIDADE

Moreno Soppelsa/Shutterstock

Interior de uma indústria de celulose (que fabrica papel) no momento em que o papel é coletado para reciclagem. A reciclagem depende tanto de ações individuais, como separar o lixo, quanto de ações do governo, que pode organizar a coleta seletiva de lixo, e da iniciativa privada, que recicla o lixo gerando novos produtos.

- **Você já ouviu falar em sustentabilidade? Converse com os colegas e escreva o que vocês sabem sobre esse assunto.**

Uma das maneiras de cuidarmos do planeta é preservar os recursos naturais. Para isso são necessárias ações individuais, da comunidade e do governo.

Hoje em dia, usamos recursos de maneira exagerada, e a natureza não consegue mais renová-los. É como se precisássemos de mais um planeta para sustentar nosso estilo de vida. Precisamos mudar de atitude desde já!

Há algum tempo, foi criado o conceito de **desenvolvimento sustentável**, que se preocupa em garantir que as necessidades do presente sejam atendidas sem comprometer a qualidade de vida das gerações futuras.

- **O que você entende por "garantir que as necessidades do presente sejam atendidas sem comprometer a qualidade de vida das gerações futuras"?**

Estúdio 1 mais 2/Arquivo da editora

Devemos usar os recursos naturais – como a água, as florestas, o solo, os combustíveis e o ar – de maneira consciente e equilibrada. Só assim nossos filhos, e também os filhos de nossos filhos, poderão viver em um planeta saudável.

Para adotar um modo de vida mais sustentável, precisamos tomar cinco atitudes importantes, todas elas começadas com a letra **R**:

- **R**epensar hábitos de consumo e de descarte de produtos.
- **R**eduzir o consumo de produtos. Dar preferência a produtos de maior durabilidade.
- **R**ecusar produtos que prejudicam a saúde e o meio ambiente.
- **R**eutilizar produtos, ampliando a sua vida útil. Isso também economiza a matéria-prima utilizada na sua produção.
- **R**eciclar materiais, para economia de água, energia e matéria-prima.

- Identifique quais dessas atitudes dependem de ações individuais e quais dependem do apoio do governo, sociedade, indústrias, etc.

NESTE CAPÍTULO, VOCÊ VIU QUE:

- Ações humanas podem afetar os ecossistemas de forma negativa. É o caso, por exemplo, das ações que causam poluição, desmatamento e queimadas.
- Veículos motorizados, fábricas e queimadas liberam gases que aumentam o efeito estufa.
- A camada de ozônio é importante para filtrar os raios ultravioleta.
- A redução das florestas diminui a biodiversidade, altera o clima, compromete o equilíbrio da vida no planeta.
- É preciso tomar atitudes para a sustentabilidade do planeta, ou seja, para que o uso dos recursos naturais não comprometa a qualidade de vida das futuras gerações.

ATIVIDADES DO CAPÍTULO

1. Leia a história em quadrinhos.

SOUSA, Mauricio de. *Saiba mais sobre o aquecimento global com a Turma da Mônica.* São Paulo: Panini, n. 12, ago. 2008. (Saiba mais!). Disponível em: <www.guiadosquadrinhos.com/edicao.aspx?cod_tit=sa011101&esp=&cod_edc=71526>. Acesso em: 25 dez. 2012.

a) Na história, algumas ações são sugeridas para melhorar a qualidade de vida e diminuir o aquecimento global. Quais são essas ações?

b) Cite quais dessas atitudes você e sua família já praticam e também as que você pretende praticar.

2. Complete as lacunas escolhendo as palavras do quadro que melhor se encaixam ao texto.

futuras - necessidades - passadas - criança

Atualmente, muitas pessoas se preocupam em ter uma vida sustentável. Isso significa garantir que as ____________ do presente sejam atendidas sem comprometer a qualidade de vida das gerações ____________.

3. Você considera realmente importante mudar o estilo de vida para salvar o planeta? Explique.

4. Explique o que você entendeu a respeito:

a) do efeito estufa.

____

____

____

b) da camada de ozônio.

____

____

____

____

c) Compare o seu registro com o de um colega e faça as alterações necessárias para que sua resposta fique ainda melhor.

5. Escreva quais são os cinco Rs e exemplifique cada atitude.

____

____

ENTENDER E PRATICAR CIÊNCIAS

SUSTENTABILIDADE

Leia a reportagem abaixo.

Leitora cria campanha de sustentabilidade em empresa

Desde bem antes da Rio+20 procuro adotar medidas sustentáveis e que contribuam para a preservação do meio ambiente.

O desperdício na empresa em que trabalho, por exemplo, vinha me incomodando muito. No final do mês passado, propus à direção o início de uma campanha de reciclagem, que foi aprovada.

A campanha vai começar em 1º de agosto, com um "dia verde".

Iniciaremos a coleta seletiva com o reaproveitamento de materiais e a substituição dos copos de plástico e isopor por biodegradáveis.

Os colaboradores da empresa utilizarão apenas copos próprios e *squeezes*. Outra meta é diminuir os gastos com impressão. Estabelecemos como meta economizar 30% de papel no primeiro trimestre do projeto.

A campanha também inclui uma estação de reaproveitamento de materiais. Tudo isso faz parte de uma ação maior, cujo objetivo é conscientizar as pessoas a ter hábitos sustentáveis.

LEME, Adriana Salay. *Folha de S.Paulo*, São Paulo, 14 jun. 2012. Painel do leitor. Disponível em: <www1.folha.uol.com.br/paineldoleitor/1104401-leitora-cria-campanha-de-sustentabilidade-em-empresa.shtml>. Acesso em: 25 dez. 2012.

Adriana Salay Leme/Folhapress

Logotipo da campanha de sustentabilidade criada por leitora.

AGORA É A SUA VEZ!

Crie uma campanha para promover a sustentabilidade!

Para começar, pense com os colegas:

Ilustrações: Vicente Mendonça/Arquivo da editora

1. Qual será o objetivo principal da campanha? Qual será o público-alvo? Colegas de outras classes da escola, familiares, vizinhos?

2. Planeje quais serão os temas abordados (água, lixo, consumo, aquecimento global, desmatamento).

3. Para ter mais ideias, pesquise e separe imagens e informações de campanhas que já existem de sustentabilidade.

4. Como será o desenho da campanha para chamar a atenção das pessoas? Qual será a mensagem de destaque?

LER E ENTENDER

Você já viu que espécies invasoras podem trazer grande prejuízo a um ecossistema.

Mas você sabe como essas espécies conseguem invadir um ecossistema?

Sabe como uma espécie de um lugar distante, por exemplo a África ou a Ásia, consegue chegar ao Brasil e se instalar por aqui? Como imagina que isso acontece?

Leia o texto a seguir, que trata desse assunto.

Espécies invasoras: visitantes indesejados que chegam para ficar

Descubra quais são as espécies que representam uma ameaça aos bichos e plantas do Brasil.

[...] Sabia que muitas plantas e animais do Brasil sofrem com a invasão de espécies que não são daqui?

Estamos falando das espécies exóticas invasoras: plantas e animais que originalmente pertencem a um outro ambiente, mas que se deslocam para um território que não é o deles e ali conseguem sobreviver. Instalados, eles se reproduzem e acabam expulsando as espécies nativas e dominando todo o seu espaço.

[...] No caso das espécies estrangeiras, os intrusos se deslocam de países que têm clima parecido com o do Brasil ou então de lugares mais frios. Isso porque, para as espécies de clima frio, é mais fácil sobreviver nos países de temperaturas mais quentes, ao contrário dos bichos e plantas que vivem em países tropicais, que não sobrevivem a temperaturas baixas.

Para resolver esse problema, é necessário um trabalho de prevenção, ou seja, tentar conter as invasões logo no início. [...] "Todo mundo pode fazer alguma coisa. Não cultivar plantas ornamentais invasoras, [...] ou mesmo abrir mão de ter peixes ornamentais, iguanas, tartarugas ou cobras, é uma saída, por exemplo.", explica a engenheira florestal Silvia Ziller [...]

ABREU, Cathia. *Ciência Hoje das Crianças*. Disponível em: <http://chc.cienciahoje.uol.com.br/especies-invasoras-visitantes-indesejados-que-chegam-para-ficar/>. Acesso em: 6 maio 2013.

J. M. Garg/Wikipedia/Wikimedia Commons

Nativo da região sul da África, o caramujo gigante africano está presente em todas as regiões do Brasil, sobretudo nas áreas urbanas.

Mariolik/Shutterstock

As carpas foram trazidas da Ásia para serem criadas em tanques e estão disseminadas por todo o Brasil. Se escapam para os rios, alteram o ambiente aquático.

ANALISE

1. Você conhece alguma das espécies citadas no texto? Quais?

2. Por que essas espécies são chamadas de exóticas?

3. O texto diz que espécies de climas frios se adaptam com mais facilidade a lugares de clima mais quente, como o Brasil. Já as espécies de países tropicais não sobrevivem, em geral, a temperaturas baixas. Podemos entender que as temperaturas nos países tropicais são altas ou são baixas?

RELACIONE

4. Lembrem-se do que estudaram sobre cadeia alimentar e respondam: espécies invasoras poderiam colocar em risco um ecossistema?

O QUE APRENDI?

1. Veja novamente a imagem que abre esta Unidade e responda: qual o tipo de relação entre o camarão e o peixe?

____

2. Agora, observe na imagem ao lado uma abelha interagindo com uma flor.

   a) Qual é a importância dessa interação para a abelha? E para a planta?

   ____

   ____

   ____

   ____

   b) Como se chama a relação entre esses dois organismos?

   ____

   ____

Ikordela/Shutterstock/Glow Images

3. Complete as lacunas com termos aprendidos nesta Unidade.
   - O conjunto de seres vivos e elementos não vivos do ambiente que se relacionam entre si é chamado de ____________________.
   - Os seres capazes de produzir seu próprio alimento são denominados ____________________.
   - Chamamos de ____________________ os seres que não produzem o seu próprio alimento e, portanto, precisam consumir outros seres para sobreviver.
   - ____________________ se alimentam de organismos que morreram ou de seus resíduos e, dessa maneira, reciclam os nutrientes no ambiente.

4. Agora, encontre no diagrama os termos que você utilizou na atividade anterior.

U	E	E	T	Y	S	D	O	A	T	B	Ç	G	L	I	V
D	T	C	U	X	D	A	T	Q	W	B	S	E	M	L	C
M	O	O	Z	U	R	R	Y	Ã	E	Ç	S	I	Ã	E	T
R	A	N	D	V	S	W	E	N	C	I	X	J	H	Z	F
E	R	S	U	F	D	P	Z	Ç	O	R	M	A	W	Y	Ã
D	Y	U	Q	W	A	N	Q	Ã	S	D	J	R	I	N	X
Õ	K	M	H	O	V	Y	A	K	S	D	I	H	O	Ç	M
Z	D	I	V	I	Ã	L	U	X	I	U	D	M	U	G	U
N	L	D	E	C	O	M	P	O	S	I	T	O	R	E	S
P	S	O	W	R	A	J	T	A	T	K	V	R	F	A	B
T	P	R	O	D	U	T	O	R	E	S	W	Y	I	Ç	O
U	L	E	W	A	T	R	T	G	M	O	D	Ì	R	W	S
C	T	S	X	G	Q	F	M	L	A	R	V	Y	E	R	I

5. Este é o momento de pensar no que você aprendeu nesta Unidade. Indique com um **X** na tabela.

Conteúdos estudados	Compreendi este conteúdo	Fiquei com algumas dúvidas e preciso retomar	Não compreendi e preciso retomar
Capítulo 7 Teia alimentar			
Capítulo 8 Ecossistemas			
Capítulo 9 Ações humanas no meio ambiente			

Converse com os colegas e o professor para entender melhor o seu aproveitamento e, assim, iniciar o estudo da próxima Unidade.

UNIDADE 4

SER HUMANO

S.Pytel/Shutterstock

- Você acha que o coração do nadador está batendo em um ritmo acelerado ou regular? Por quê?
- Por que o nadador, de tempos em tempos, precisa tirar o rosto da água?
- Em sua opinião, de onde vem a energia que utilizamos para nos movimentar?

CAPÍTULO

10 DIGESTÃO E ALIMENTOS

SISTEMA DIGESTÓRIO

- **Você já deve ter ouvido um ruído vindo da sua barriga perto da hora do recreio, da hora do almoço... Mas de onde exatamente vem esse ruído? E por que isso acontece?**

órgãos: estruturas do organismo que realizam uma ou mais funções.
sistema: conjunto de órgãos envolvidos em uma função biológica, como respiração, digestão, reprodução.

Esse barulho é feito pela mistura do ar com líquidos do sistema **digestório** e significa que o corpo está se preparando para receber comida. Mas esse barulho pode ocorrer também quando estamos comendo.

O sistema digestório é o conjunto de órgãos responsáveis pela digestão dos alimentos em nosso organismo. Após a digestão, os nutrientes dos alimentos são absorvidos.

- **Observe os seus dentes no espelho. Veja quantos dentes há na arcada inferior e quantos há na arcada superior. Eles são todos iguais? Quais as diferenças entre eles?**

____

____

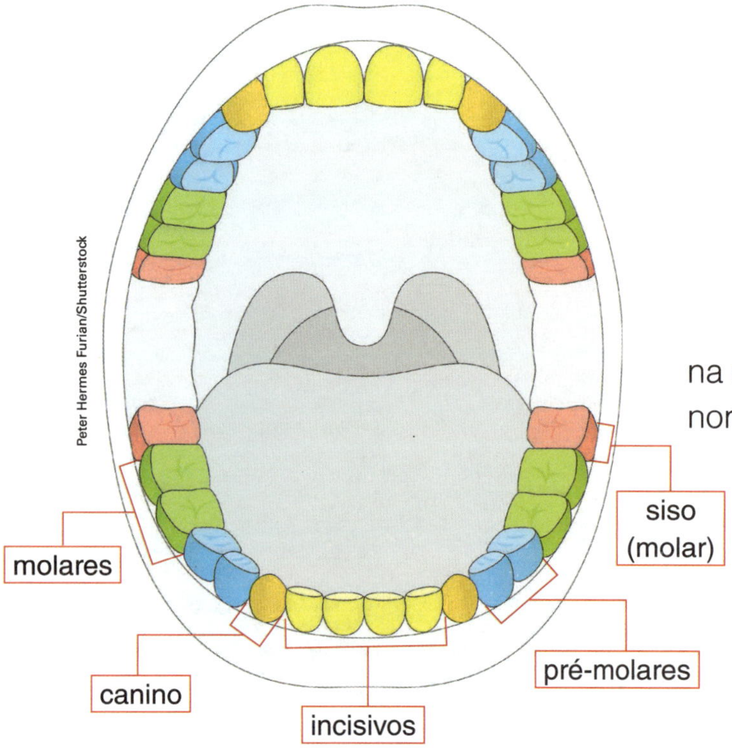

Diagrama da dentição permanente no ser humano

A mastigação da comida tem um papel importante na digestão. Ela transforma os alimentos em partes menores, com auxílio da saliva e dos dentes.

Monkey Business Images/Shutterstock

Cada órgão do sistema digestório realiza um tipo de trabalho. Como você viu, o processo de digestão começa na boca. Veja o que acontece nos outros órgãos.

1 Boca
O processo de digestão começa com a mastigação e a ação da saliva. Depois de misturado e umedecido, o alimento se transforma em bolo alimentar e é engolido.

2 Esôfago
Tubo por onde passa o bolo alimentar, em direção ao estômago.

3 Estômago
No estômago, é produzido um líquido que ajuda a digestão. O bolo alimentar fica no estômago por aproximadamente 3 horas.

4 Pâncreas
Glândula que ajuda na digestão dos alimentos e que regula a quantidade de açúcares no sangue.

5 Fígado
Órgão que faz o processamento e o armazenamento dos nutrientes absorvidos pelo intestino.

6 Intestino delgado
Parte do tubo digestivo, onde a maioria dos nutrientes é absorvida e passada para o sangue. O que não foi absorvido no intestino delgado segue para o intestino grosso.

7 Intestino grosso
No intestino grosso acontece a absorção de água e sais minerais. Nesse órgão também existem muitas bactérias que ajudam na digestão. Tudo o que não foi absorvido segue até o final do intestino grosso, o reto.

8 Ânus
Abertura por onde saem os restos dos alimentos (fezes).

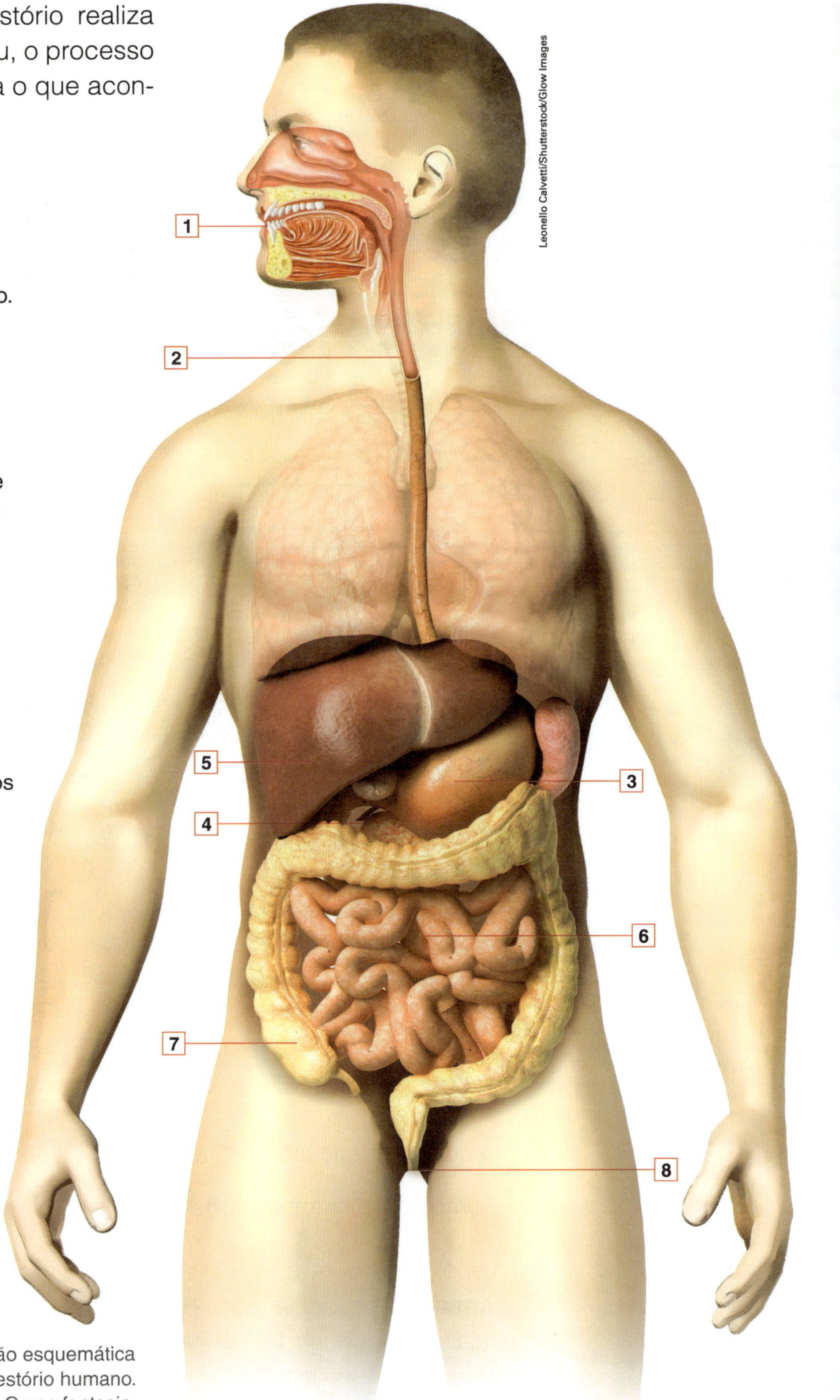

Representação esquemática do sistema digestório humano. Cores fantasia.

ALIMENTOS E NUTRIENTES

Observe a imagem a seguir.

Ilustrações: PriWi/Arquivo da editora

- O que as crianças estão fazendo?
- Como essas crianças conseguem energia para essas atividades?

Você já viu que todos os seres vivos precisam de alimento para sobreviver. O **alimento** é essencial para o corpo se desenvolver e se defender no caso de doenças ou machucados. Durante todas as atividades que fazemos diariamente, inclusive dormir, utilizamos os nutrientes dos alimentos.

Durante a digestão, os alimentos são transformados em partes bem pequenas chamadas nutrientes. Esses nutrientes são utilizados pelo nosso organismo para obter energia, crescer, desenvolver-se e manter-se saudável.

Os nutrientes podem ser **construtores**, **energéticos** e **reguladores**. Vamos estudar cada um deles.

Construtores: "constroem" e "reparam" as estruturas do nosso corpo, como pele, cabelos, ossos, etc.

- proteínas: encontradas em carnes, ovos, laticínios, etc.

Africa Studio/Shutterstock

Energéticos: fornecem energia para as atividades do dia a dia, como respirar, pensar, andar, correr, etc.

- carboidratos: encontrados em cereais (como o arroz), batata, mandioca, massas, pães, açúcares, doces, etc.;
- lipídios: encontrados em óleos, gorduras, torresmo, *bacon*, manteiga, margarina, entre outros.

Andrey Starostin/Shutterstock

Evgenia Sh./Shutterstock

BSIP SA/Alamy/Latinstock

Reguladores: equilibram e regulam as funções do organismo, mantendo a saúde.

- sais minerais: encontrados em quase todos os alimentos, mas sobretudo em verduras e frutas;
- vitaminas: encontradas em abundância em verduras, legumes e principalmente frutas;
- fibras alimentares: encontradas em cereais e grãos integrais, em legumes, frutas e principalmente nas verduras;
- água: alguns alimentos possuem mais água do que outros, mas é importante beber água sempre que sentir sede.

R. Gino Santa Maria/Shutterstock

imagedb.com/Shutterstock

POR UMA ALIMENTAÇÃO SAUDÁVEL

Nosso corpo precisa de uma alimentação variada para obter os diferentes nutrientes. Uma alimentação equilibrada tem diferentes tipos de alimento, na quantidade certa para o organismo.

ÁGUA

A **água** é fundamental numa dieta equilibrada, porque ajuda no transporte de nutrientes pelo corpo, na eliminação de substâncias que não foram aproveitadas e no controle da temperatura do corpo.

A ingestão diária ideal de água pode variar, dependendo do clima, das atividades físicas praticadas e dos tipos de alimento consumidos, já que os alimentos contêm água.

FIBRAS ALIMENTARES, VITAMINAS E SAIS MINERAIS

As **fibras alimentares** são componentes dos alimentos de origem vegetal, como grãos, nozes, frutas e legumes. As fibras não são nutrientes, pois não são absorvidas pelo organismo. Mesmo assim, elas são essenciais para nossa alimentação, pois regulam o intestino e previnem doenças.

As **vitaminas** são importantes para manter a saúde do corpo. A falta delas pode levar a diversos problemas de saúde, por isso é importante consumir uma variedade de frutas e vegetais.

Os **sais minerais** são igualmente importantes para a saúde, contudo não se pode abusar deles. O sal de cozinha, por exemplo, deve ser usado com muita moderação.

CARBOIDRATOS E LIPÍDIOS

Creativa Images/Shutterstock

Os **carboidratos** são a principal fonte de energia. É preferível ingerir carboidratos que sejam ricos em fibras alimentares, como arroz, pães e massas integrais. Alimentos refinados (como o arroz e a farinha brancos), batatas e mandiocas devem ser consumidos moderadamente. Doces, como chocolates e biscoitos recheados, devem ser evitados. Da mesma forma, deve-se evitar o consumo de refrigerantes e salgadinhos, pois, além de serem ricos em carboidratos refinados, nesses alimentos há muitos sais.

Os **lipídios** também são fonte de energia, porém seu consumo deve ser muito controlado. O ideal é consumir óleos como o azeite, utilizado para temperar saladas. Frituras devem ser evitadas, pois, ao ser aquecido, o óleo sofre uma transformação, produzindo substâncias nocivas à saúde.

PROTEÍNAS

As **proteínas** são os nutrientes utilizados na “construção” e “reparação” do nosso corpo. O seu consumo é muito importante, principalmente na fase de crescimento, que pode se estender até os 25 anos de idade. Contudo é importante ficar de olho no seu consumo, pois a maioria dos alimentos ricos em proteínas (como as carnes), também são ricos em gorduras. Por isso é preferível consumir carnes e leite “magros”, isto é, com menor teor de gordura. Assim, peixes e aves, carnes com baixo teor de gordura, são as fontes mais saudáveis de proteínas.

ATIVIDADES FÍSICAS

A prática de **atividades físicas** diárias é muito importante para a manutenção da saúde.

Purestock/Keystone

UM PRATO SAUDÁVEL

- **Observe a ilustração de um prato saudável e, em dupla, discutam o que vocês percebem em relação aos alimentos e às quantidades.**

O **prato saudável** serve de guia de alimentação.

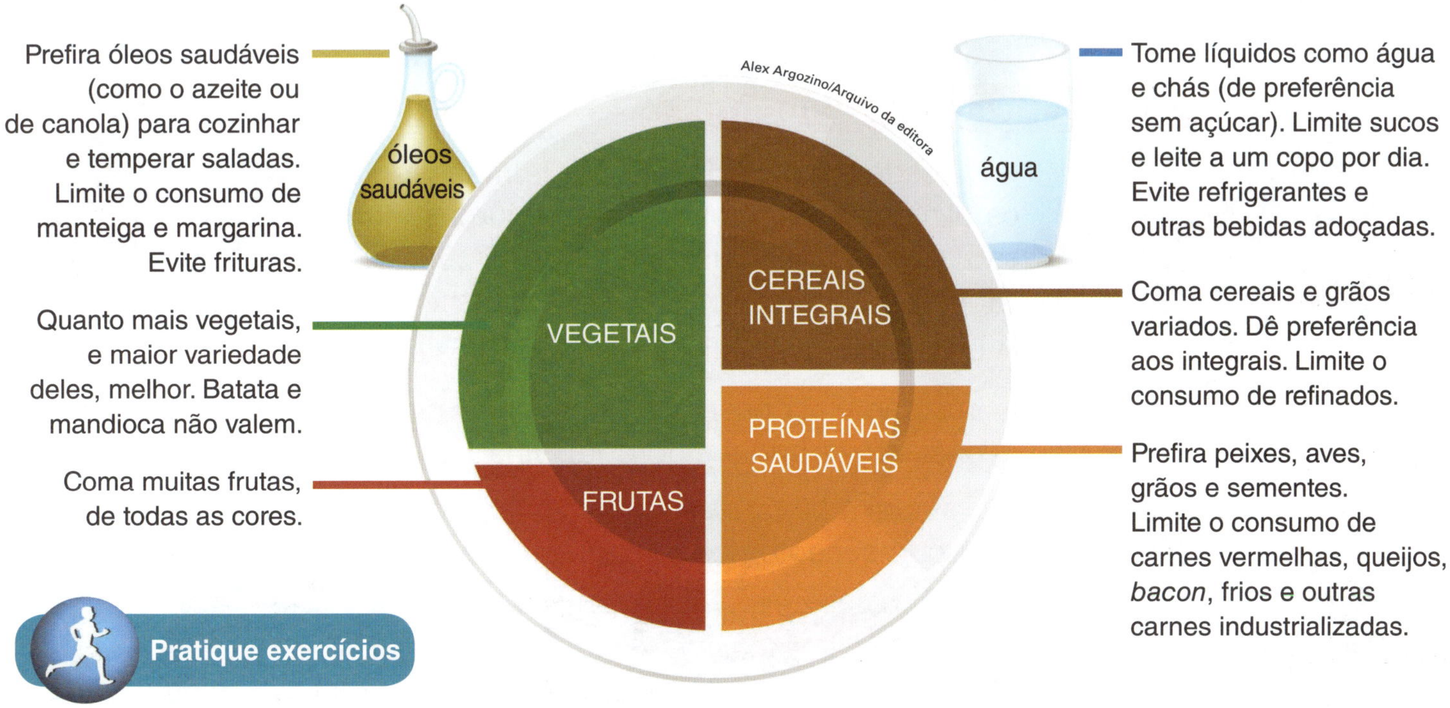

Um prato saudável é uma refeição colorida e com muitos vegetais.

HARVARD SCHOOL OF PUBLIC HEALTH. *Healthy Eating Plate & Healthy Eating Pyramid.* Boston: Harvard University. The Nutrition Source. Disponível em: <www.hsph.harvard.edu/nutritionsource/healthy-eating-plate>. Acesso em: 18 set. 2015. Texto traduzido.

HIGIENE ALIMENTAR

- Você se lembra do experimento em que era observada a mudança de aparência dos alimentos (página 104)? Que tipo de organismo se desenvolveu no pão de forma? Que condição foi mais adequada para o crescimento desses organismos?

Observe as imagens.

Navnit/Shutterstock/Glow Images

Alend/Shutterstock/Glow Images

Withgod/Shutterstock/Glow Images

Os alimentos estão sujeitos à ação dos microrganismos decompositores: fungos e bactérias podem se desenvolver. Muitos desses organismos produzem substâncias tóxicas para nós. A aparência e o cheiro são duas pistas de que um alimento pode estar estragado.

Por isso devemos ficar atentos à aparência e ao cheiro dos alimentos, observando se estão diferentes do normal. Antes de comprar um alimento, é preciso observar seu prazo de validade, que consta da embalagem. Latas estufadas também são sinais da atuação de microrganismos.

Alimentos conservados a baixas temperaturas

Easy Fotostock/Easypix Brasil

Conservação dos alimentos

Stockfood/Latinstock

Pêssego em calda

Desde a Antiguidade, o ser humano tenta conservar os alimentos por mais tempo. Algumas técnicas ainda são usadas hoje, como salgar os alimentos ou expô-los à fumaça, de forma controlada. Outras técnicas incluem:

- Desidratação – retirada da água dos alimentos.
- Imersão ou conserva – deixar os alimentos mergulhados por bastante tempo em gordura, vinagre ou calda de açúcar.
- Geladeira ou *freezer* – a baixa temperatura desacelera o apodrecimento dos alimentos.

Ale Ruaro/Pulsar Imagens

Bacalhau salgado

Stockfood/Latinstock

Camarões desidratados

Além dos organismos decompositores, os alimentos podem conter outros organismos e substâncias que fazem mal à saúde: inseticidas, ovos de vermes, vírus e outros microrganismos.

Ao ingerir alimentos contaminados, adoecemos e, em alguns casos, pode ocorrer uma séria intoxicação alimentar.

Os alimentos podem ser contaminados pelo contato com animais, como moscas, baratas e ratos, e também pelo próprio ser humano, ao manipular os alimentos com as mãos sujas, espirrar ou tossir sobre o alimento.

Devemos sempre lavar as mãos antes de qualquer refeição. Frutas, verduras e legumes devem ser lavados. Talheres e vasilhames também devem estar limpos para o preparo e a ingestão dos alimentos.

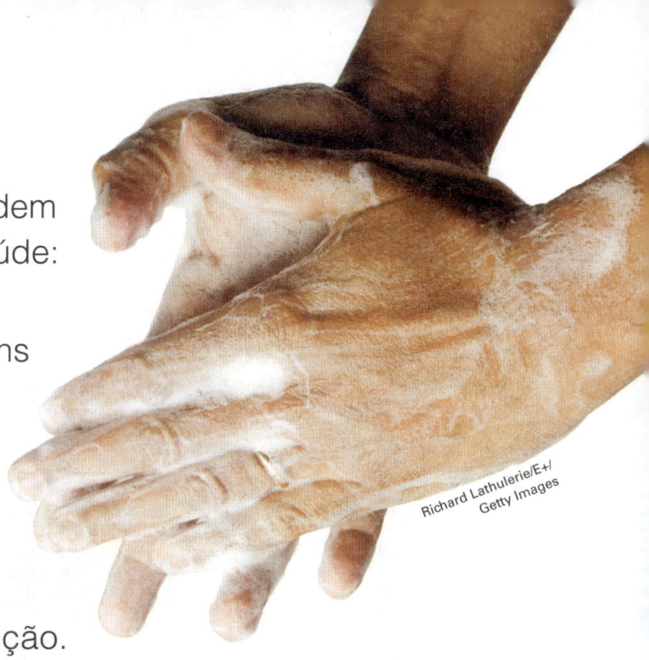

Richard Lathulerie/E+/Getty Images

Lavar as mãos, um dos hábitos higiênicos.

NESTE CAPÍTULO, VOCÊ VIU QUE:

- O sistema digestório é o conjunto de órgãos responsável pela digestão dos alimentos e absorção dos nutrientes.
- Boca, estômago, intestino, pâncreas e fígado são alguns dos órgãos envolvidos na digestão.
- Proteínas, carboidratos, lipídios, sais minerais e vitaminas são nutrientes. Eles têm diferentes funções no organismo.
- A alimentação deve ser variada e equilibrada.
- Água e fibras alimentares são fundamentais para a saúde do corpo.
- A conservação dos alimentos é importante para a saúde, bem como a higiene deles e das mãos, pois podem evitar seu apodrecimento e sua contaminação.

Lew Robertson/Corbis/Latinstock

Lavar cuidadosamente em água corrente as frutas e os vegetais evita que esses alimentos sejam consumidos contaminados.

ATIVIDADES DO CAPÍTULO

1. Observe os quatro pratos a seguir e avalie se representam uma refeição balanceada. Caso não representem, indique o que está faltando.

Elenadesign/Shutterstock

Luis Carlos Torres/Shutterstock

Diogoppr/Shutterstock

Luiz Rocha/Shutterstock

2. Leia a tirinha.

- Garfield parece não ter entendido o que significa mudar hábitos alimentares. O que você entende por hábitos alimentares saudáveis?

3. Converse com um adulto que more em sua casa para saber por que é importante observar o prazo de validade dos alimentos.

4. No próximo almoço que fizer em sua casa, anote no caderno o que cada membro da sua família colocou no prato. Depois avalie se a refeição que cada um deles fez foi balanceada ou não. Caso não tenha sido, explique ao seu familiar o que faltou para o prato ser mais saudável.

ENTENDER E PRATICAR CIÊNCIAS

A IMPORTÂNCIA DA BOA MASTIGAÇÃO

Antes de realizar a experiência, leia o procedimento abaixo e registre suas hipóteses.

MATERIAL

- dois copos iguais
- dois comprimidos efervescentes
- água

Procedimento

Ilustrações: Vicente Mendonça/Arquivo da editora

1. Coloque a mesma medida de água nos dois copos.

2. Triture um dos comprimidos.

3. Coloque, ao mesmo tempo, o comprimido inteiro em um copo e o comprimido triturado no outro. Observe.

LEVANTANDO HIPÓTESES

- O que você acha que acontecerá em cada um dos copos? Represente sua hipótese por meio de desenhos com legendas.

Observação e registro

Converse com os colegas e responda.

4. O que aconteceu no copo com o comprimido inteiro? Por quê?

____

____

5. O que aconteceu no copo com o comprimido triturado? Por quê?

____

____

Conclusão

6. Qual relação existe entre os comprimidos imersos em água e a mastigação dos alimentos no processo da digestão?

____

____

____

____

LER E ENTENDER

INTESTINO PRESO E O TRÂNSITO INTESTINAL

Nesta seção, você vai ler uma tira de Fernando Gonsales, autor de quadrinhos que é formado em Veterinária e em Biologia.

Níquel Náusea: os ratos também choram, de Fernando Gonsales. São Paulo: Bookmakers, 1999. p. 44.

ANALISE

1. Quem são os personagens dessa tira?

---

2. O texto do primeiro quadrinho é uma fala da bactéria Cíntia? Explique.

---

3. Nos dois primeiros quadrinhos os personagens aparecem em *close*, isto é, bem de perto. Só no terceiro quadrinho é que vamos ter uma ideia do lugar onde elas se encontram. Onde a bactéria Cíntia e sua amiga estão?

---

4. Comente a expressão das bactérias nos dois primeiros quadrinhos.

5. Como é a aparência do personagem do terceiro quadrinho?

RELACIONE

6. A amiga da bactéria Cíntia disse que ficou presa no trânsito intestinal. Por essa fala, é possível concluir qual seria um dos problemas do doente. Qual é esse problema?

7. Que tipo de nutrientes está faltando para o doente que aparece na tira: energéticos, construtores ou reguladores?

8. Que alimentos o doente deveria comer para que o trânsito no seu intestino andasse bem?

9. Com um colega, crie uma história imaginando uma situação parecida com a que vocês leram: uma conversa que se passa dentro do corpo humano. Essa conversa pode ser entre dois órgãos, ou entre o corpo e uma bactéria... Vocês é que decidem.

CAPÍTULO

11 SISTEMAS CARDIOVASCULAR E URINÁRIO

SISTEMA CARDIOVASCULAR

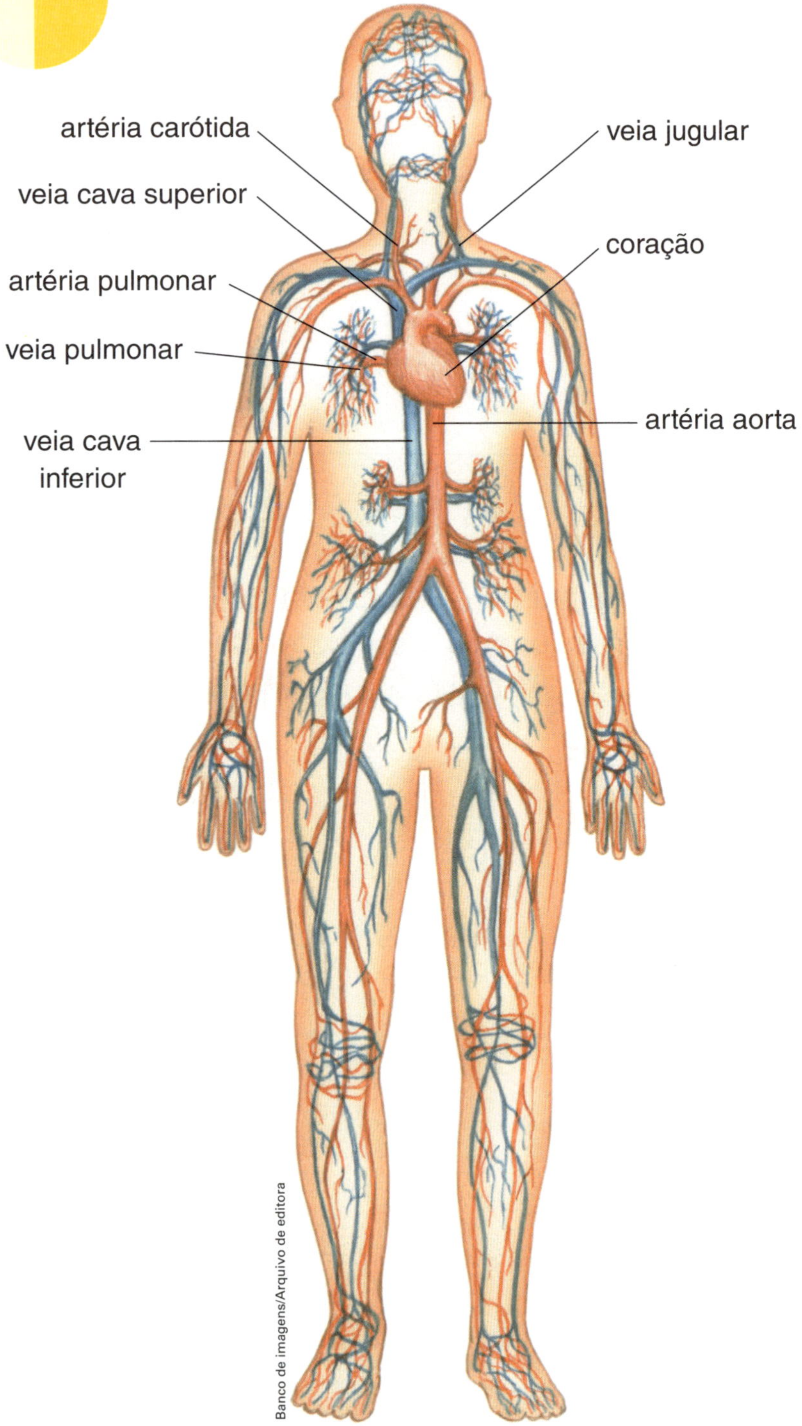

- Como você acha que os nutrientes dos alimentos e o gás oxigênio chegam a todas as partes do corpo?

O **sistema cardiovascular** é composto do coração e dos vasos sanguíneos. Sua função é distribuir água, nutrientes e gás oxigênio para todo o corpo. Ao mesmo tempo, esse sistema recolhe resíduos que serão eliminados do corpo, como o gás carbônico e outras substâncias.

O transporte dessas substâncias é feito pelo sangue que circula continuamente pelo nosso corpo.

Imagine o sistema cardiovascular como um conjunto de ruas e avenidas, onde os carros são as substâncias a serem transportadas. Os carros passam de um bairro para outro pelas ruas, assim como o sangue passa pelos nossos órgãos e tecidos por meio dos vasos sanguíneos.

O sangue é formado por células mergulhadas em um líquido chamado plasma. O plasma leva os nutrientes da digestão para todo o corpo.

As células do sangue são: glóbulos brancos, glóbulos vermelhos e plaquetas.

- Os **glóbulos brancos** agem na defesa contra organismos que causam doenças.
- Os **glóbulos vermelhos** ou hemácias são muito numerosos e transportam oxigênio.
- As **plaquetas** ajudam a parar a perda de sangue em caso de machucados.

células: menores unidades de um organismo com forma e função definidas.

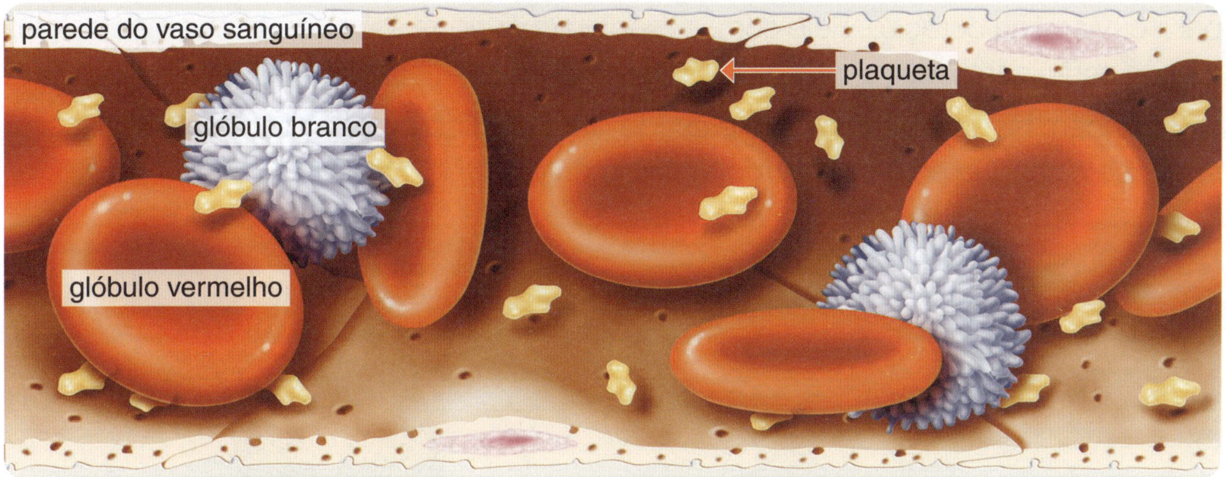

BSIP/Diomedia

- **Você sabe como o sangue circula por todo o corpo?**

O sangue circula por tubos chamados vasos sanguíneos, que podem ser mais grossos, como as artérias e veias, ou mais finos, como os vasos capilares.

As **artérias** carregam sangue para fora do coração. As **veias** trazem o sangue de volta para o coração.

O **coração** é um órgão muscular localizado no peito. Ele funciona como duas bombas unidas: uma delas recebe o sangue do corpo e o bombeia para os pulmões; a outra recebe sangue do pulmão e o bombeia para o corpo.

- **Por que o mau funcionamento do sistema cardiovascular afeta outros órgãos?**

CUIDANDO DO SISTEMA CARDIOVASCULAR

- **Sinta a pulsação pressionando levemente seu dedo nas artérias de seu pescoço ou pulso. Agora, faça um teste: pule corda por 30 segundos e sinta seu pulso novamente. A sua pulsação se manteve igual? Por que será?**

Durante uma atividade física, os músculos precisam de mais gás oxigênio. Por isso, o coração acelera e o sangue circula mais rapidamente.

Quando você vai ao médico, ele utiliza um equipamento chamado estetoscópio para ouvir o seu coração. Pelo som, o médico consegue saber se os batimentos cardíacos estão normais.

Também há um aparelho que é usado para medir a pressão sanguínea e, assim, saber se o sangue está circulando normalmente.

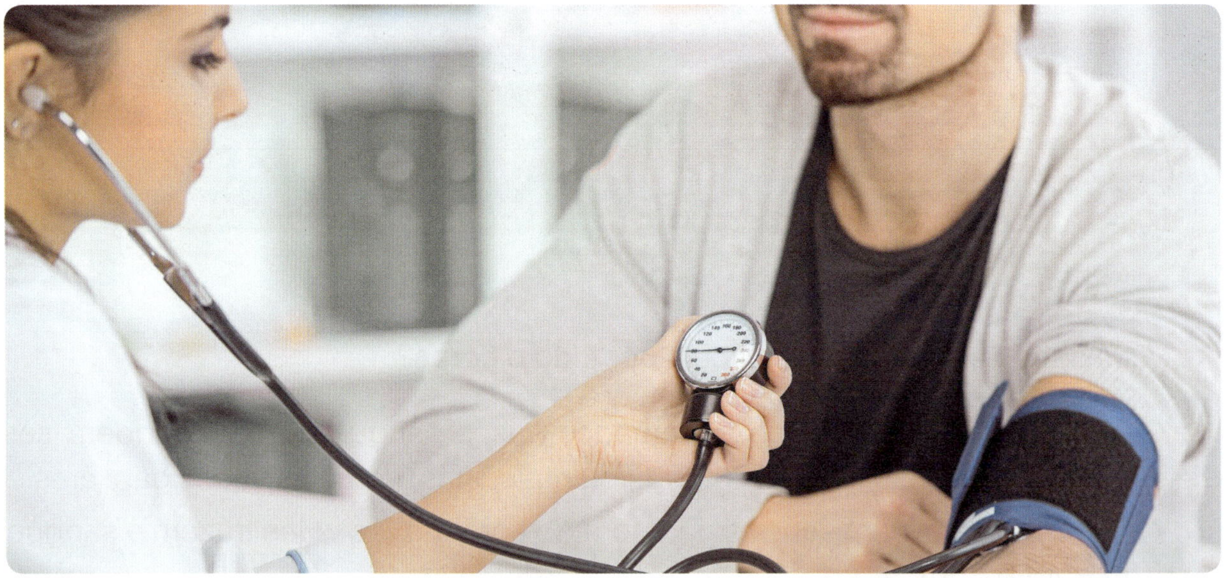

VGstockstudio/Shutterstock

Médica medindo a pressão sanguínea de paciente.

auscultando: ouvindo os ruídos internos do organismo.

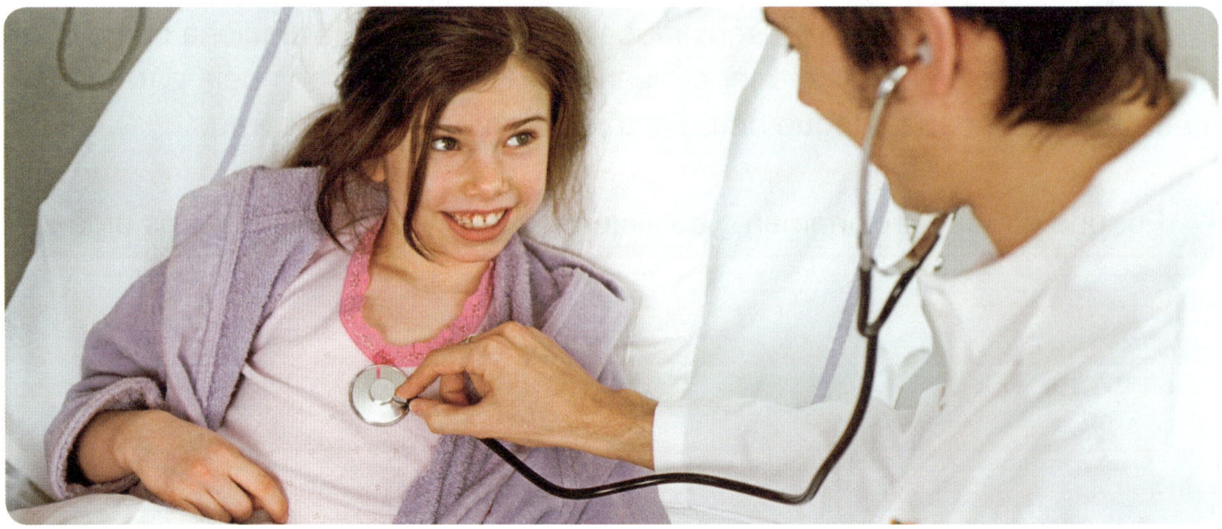

Corbis/Glow Images

Médico auscultando as batidas do coração de paciente.

Algumas doenças podem prejudicar o sistema cardiovascular e, consequentemente, afetar o funcionamento de outros órgãos.

Exercícios físicos regulares e alimentação adequada ajudam a evitar doenças cardiovasculares.

Images Bazaar/Getty Images

Exercícios físicos previnem doenças cardiovasculares

Por Fernanda Maranha

A prática de atividades físicas reduz a obesidade e atenua outros fatores de risco que levam a doenças cardiovasculares, mostram os estudos do professor Carlos Eduardo Negrão, que tratou sobre o assunto em evento recente, sediado no Instituto de Biociências (IB) da USP.

A obesidade – definida por um grande perímetro de cintura – vem aumentando e atingindo faixas etárias cada vez mais baixas no Brasil: "A razão disso é uma vida menos ativa e um consumo de alimentos muito calóricos, em quantidades enormes", explica Negrão. Além de ser um dos principais fatores de risco para doenças cardiovasculares, a obesidade associa-se ao desenvolvimento de outros fatores, como colesterol alto, pressão arterial elevada e alto nível de glicemia.

Realizar atividades físicas diminui a circunferência abdominal e reduz também estes outros fatores de risco que a dieta, isoladamente, não é capaz, como apresenta Negrão: "Só com a dieta também se perde peso, mas a vantagem é que o exercício preserva a massa magra, quem não faz exercício, perde massa magra". Ao associar dieta com exercícios em pacientes que possuíam três ou mais fatores de risco a doença cardiovascular – designado como síndrome metabólica – obtém-se resultados bastante significativos na prevenção da doença. [...]

MARANHA, Fernanda. *Agência Universitária de Notícias*, São Paulo, ano 46, n. 104, 25 nov. 2013. Disponível em: <www.usp.br/aun/exibir.php?id=5669>. Acesso em: 21 set. 2015.

Bignai/Shutterstock

SISTEMA URINÁRIO

Glen Wexler/Gallery Stock/Latinstock

O sangue recolhe resíduos que serão eliminados do corpo. No sangue, há várias substâncias que, se não forem removidas, podem ser prejudiciais ao organismo.

- **Como você acha que o corpo limpa o sangue?**

____

____

O conjunto de órgãos que auxiliam o corpo na eliminação de substâncias desnecessárias ou prejudiciais ao organismo é chamado de **sistema urinário**. Esse sistema é formado pelos **rins**, **ureteres**, **bexiga urinária** e **uretra**.

Os rins são considerados os filtros do nosso corpo. Eles filtram o sangue, retirando os resíduos tóxicos. Além disso, os rins também equilibram a quantidade de água e sais minerais do sangue.

O líquido resultante é enviado para a bexiga pelos ureteres. Esse líquido é a **urina**.

A bexiga armazena, em geral, cerca de 300 mL de urina. A urina é formada por água, alguns sais minerais e substâncias tóxicas.

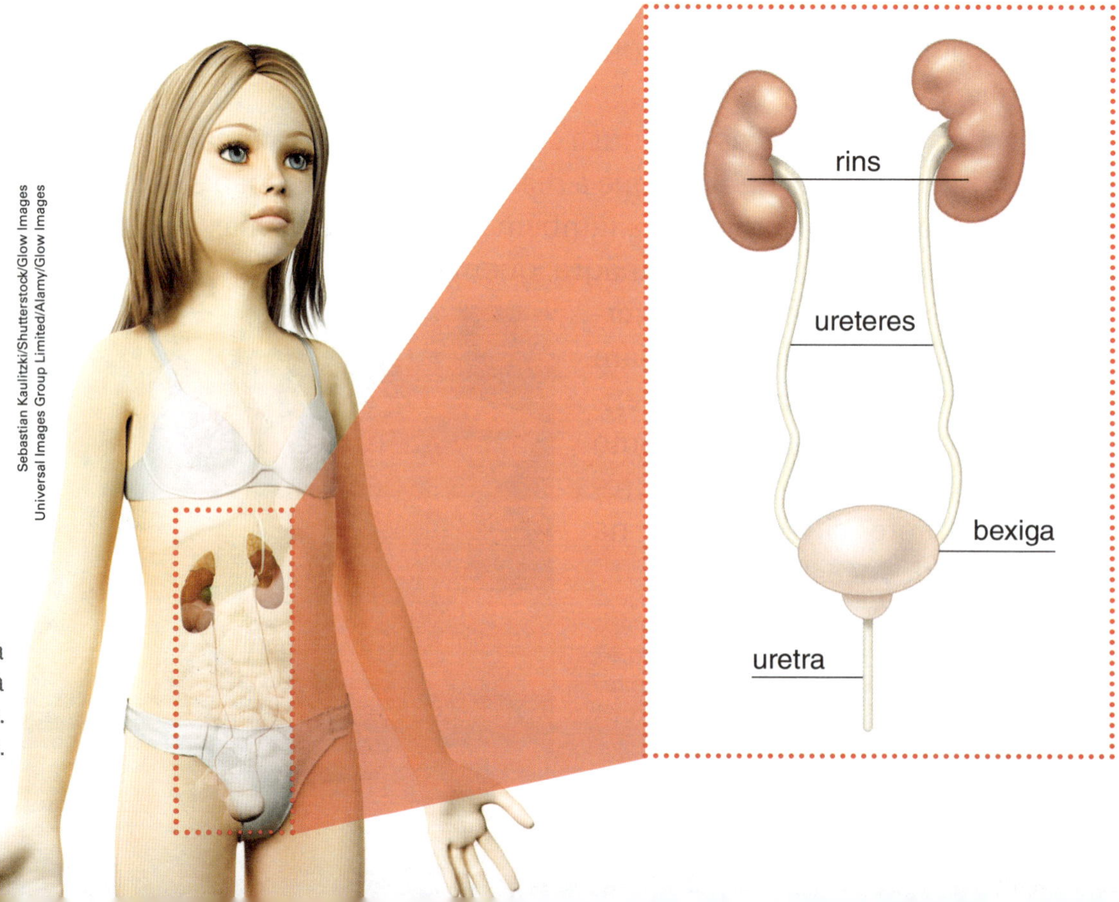

Sebastian Kaulitzki/Shutterstock/Glow Images
Universal Images Group Limited/Alamy/Glow Images

Ilustração esquemática simplificada do sistema urinário humano. Cores fantasia.

Fique atento às cores da urina e aos seus significados

A urina é um elemento que nos permite saber se necessitamos ou não de água, dependendo da cor que ela apresenta. Veja quais são os significados das várias cores da urina e os níveis de hidratação ou desidratação:

- Se a urina estiver amarelada, mas em tom muito claro, é sinal de que você está hidratado.
- Se a urina estiver transparente, é sinal de sobre-hidratação e de que deve diminuir um pouco a ingestão de líquidos.
- Se a urina estiver amarelada escura ou mais escura ainda, significa que está perante uma desidratação e que necessita ingerir líquidos o quanto antes.

Estúdio 1 mais 2/Arquivo da editora

SILVA, Ivo. A importância da hidratação e as cores da urina. *Dicas caseiras*, Lisboa, 21 mar. 2012. Disponível em: <www.dicascaseiras.com/2012/03/21/importancia-hidratacao-cores-da-urina/>. Acesso em: 11 dez. 2015.

- **Você consegue citar mais dois motivos pelos quais a água é importante para o nosso corpo? Converse com os colegas e anote.**
- **Você já ouviu falar em "pedra nos rins"? Reúna-se com um colega e pesquisem sobre esse problema na internet, em livros, etc. Escrevam o resultado de sua pesquisa no caderno.**

NESTE CAPÍTULO, VOCÊ VIU QUE:

- O sistema cardiovascular é composto do coração e dos vasos sanguíneos, que distribuem água, nutrientes e gás oxigênio para todas as partes do corpo e recolhem do corpo o gás carbônico e outras substâncias que precisam ser eliminadas.
- A prática de atividades físicas e uma alimentação adequada reduzem as chances de distúrbios cardiovasculares, como problemas de pressão arterial.
- O sistema urinário tem a função de eliminar, pela urina, substâncias tóxicas e outros elementos de que o organismo não necessita.

ATIVIDADES DO CAPÍTULO

1. Qual é a função do sangue para o organismo?

2. Com base no que você aprendeu neste capítulo, assinale as afirmações com **V**, se verdadeira, ou **F**, se falsa.

- [ ] O sangue participa apenas do sistema cardiovascular.
- [ ] O sistema urinário é formado por vários órgãos, como os rins e a bexiga urinária.
- [ ] Não há necessidade de ingerirmos muito líquido.
- [ ] O sangue está associado às trocas gasosas no sistema respiratório. Além disso, o sangue é responsável pelo transporte de nutrientes, gases e outras substâncias no sistema cardiovascular. Outra função do sangue é recolher resíduos que serão eliminados do corpo pelo sistema urinário.
- [ ] Os rins filtram o sangue, retirando os resíduos tóxicos, e também equilibram a quantidade de água e sais minerais no sangue.
- [ ] O líquido formado nos rins é a urina. A urina é enviada para a bexiga pelos ureteres.
- [ ] A urina fica armazenada na bexiga, e, depois, é reabsorvida pelo corpo.

3. Com os colegas e o professor, faça uma lista com três atitudes que contribuem para o bom funcionamento do sistema cardiovascular.

4. Você já viu alguma propaganda incentivando a doação de sangue? Sabe a importância de doar sangue?

Por que doar?

A ciência avançou muito e fez várias descobertas. Mas ainda não foi encontrado um substituto para o sangue humano. Por isso, sempre que precisa de uma transfusão de sangue, a pessoa só pode contar com a solidariedade de outras pessoas. Doar sangue é simples, rápido e seguro. Mas, para quem o recebe, esse gesto não é nada simples: vale a vida. Seja doador voluntário. Faz bem também para você. Porque a satisfação de salvar vidas é a maior recompensa.

FUNDAÇÃO PRÓ-SANGUE. *Curiosidades sobre sangue e transfusão*. Disponível em: <http://weboffice.macronetwork.com.br/uploads/pro_sangue//arquivos/15-06-11%20Curiosidades.pdf>. Acesso em: 21 set. 2015.

Thais Beltrame/Fundação Pró-Sangue

- Converse com um adulto para responder: por que algumas pessoas precisam receber sangue de outras pessoas? Em quais situações isso acontece?

____

____

____

5. Complete com as informações adequadas para que o texto tenha sentido.

O conjunto de órgãos que auxiliam o corpo na eliminação de substâncias desnecessárias ou prejudiciais ao organismo é chamado de _____________________.

Esse sistema é formado pelos _______________ e por canais que transportam essas substâncias para fora do corpo. Os rins são considerados os _______________ do nosso corpo, porque filtram o _______________ que passa por eles, retirando os resíduos tóxicos. Os rins também ajudam a equilibrar a quantidade de água e sais minerais do corpo.

ENTENDER E PRATICAR CIÊNCIAS

CONSTRUINDO UM ESTETOSCÓPIO

O estetoscópio é um instrumento utilizado pelos médicos para escutar barulhos internos do nosso corpo, como os batimentos do coração, por exemplo.

MATERIAL

- duas garrafas de plástico (1,5 L ou 2 L)
- massinha de modelar
- uma mangueira de borracha ou de plástico com cerca de 60 cm
- um rolo de fita-crepe
- uma tesoura sem ponta

Procedimento

Primeira parte

1. Pegue as garrafas de plástico e corte a parte do gargalo, de modo que forme um funil.

2. Una cada um dos funis a uma das extremidades da mangueira e, se for necessário, vede bem com a massinha e prenda com a fita-crepe.

Ilustrações: Vicente Mendonça/Arquivo da editora

Segunda parte

3. Aproxime uma extremidade do estetoscópio ao seu peito, um pouco à esquerda, e peça a um(a) colega que aproxime a outra extremidade ao ouvido dele(a).

4. Agora, peça ao(à) colega que marque em um relógio 1 minuto; durante esse tempo, conte quantas vezes os barulhos se repetem.

5. Agora, sob a orientação do professor, faça polichinelos (pule abrindo e fechando as pernas, enquanto bate palmas sobre a cabeça) durante 30 segundos.

6. Peça ao(à) colega que marque novamente 1 minuto em um relógio e que, durante esse tempo, conte quantas vezes os barulhos se repetem.

Observação e registro

7. Compare a quantidade de repetições dos barulhos em cada situação e tente explicar o que aconteceu.
8. Converse com os colegas para tentar explicar a que esses barulhos podem estar associados.

LEVANTANDO HIPÓTESES

- O que você acha que vai escutar?

Conclusão

9. Troque ideias com os colegas, usando o que aprendeu em suas aulas. Note que na página 150 você também fez uma atividade e seu coração acelerou. Porém, você usou um jeito diferente de perceber isso. Que tipo de informação você tem em cada jeito?

CAPÍTULO

12 SISTEMA RESPIRATÓRIO E CUIDADOS COM O CORPO

SISTEMA RESPIRATÓRIO

Você já sabe que nosso corpo precisa de energia para realizar suas atividades diárias, como estudar, brincar e até dormir. De onde vem essa energia?

JGI/Jamie Grill/Getty Images

Jessie Jean/Getty Images

Nosso corpo usa a energia contida nos alimentos para fazer todas as atividades. Para isso, é preciso ter uma alimentação saudável e equilibrada. Mas além dos nutrientes dos alimentos, seu organismo precisa do gás oxigênio, que está presente no ar, para conseguir transformar a energia dos alimentos na energia que usamos para nos movimentar, falar, estudar e dormir. Por essa razão, sua alimentação e a qualidade do ar que você respira influenciam na sua qualidade de vida.

- **Você já prestou atenção em sua respiração? Como será que o ar entra no corpo? Em uma folha de papel à parte faça um desenho em que mostre como você acha que o ar entra no corpo e sai dele.**

Agora, respire fundo e compare sua resposta com as informações a seguir.

O ar entra em nosso corpo e sai dele pelo nariz e pela boca, por meio da respiração. Dentro do corpo há um órgão que absorve o gás oxigênio do ar. O sistema responsável pela entrada e saída de ar em nosso corpo é o **sistema respiratório**.

Veja os órgãos que participam da respiração.

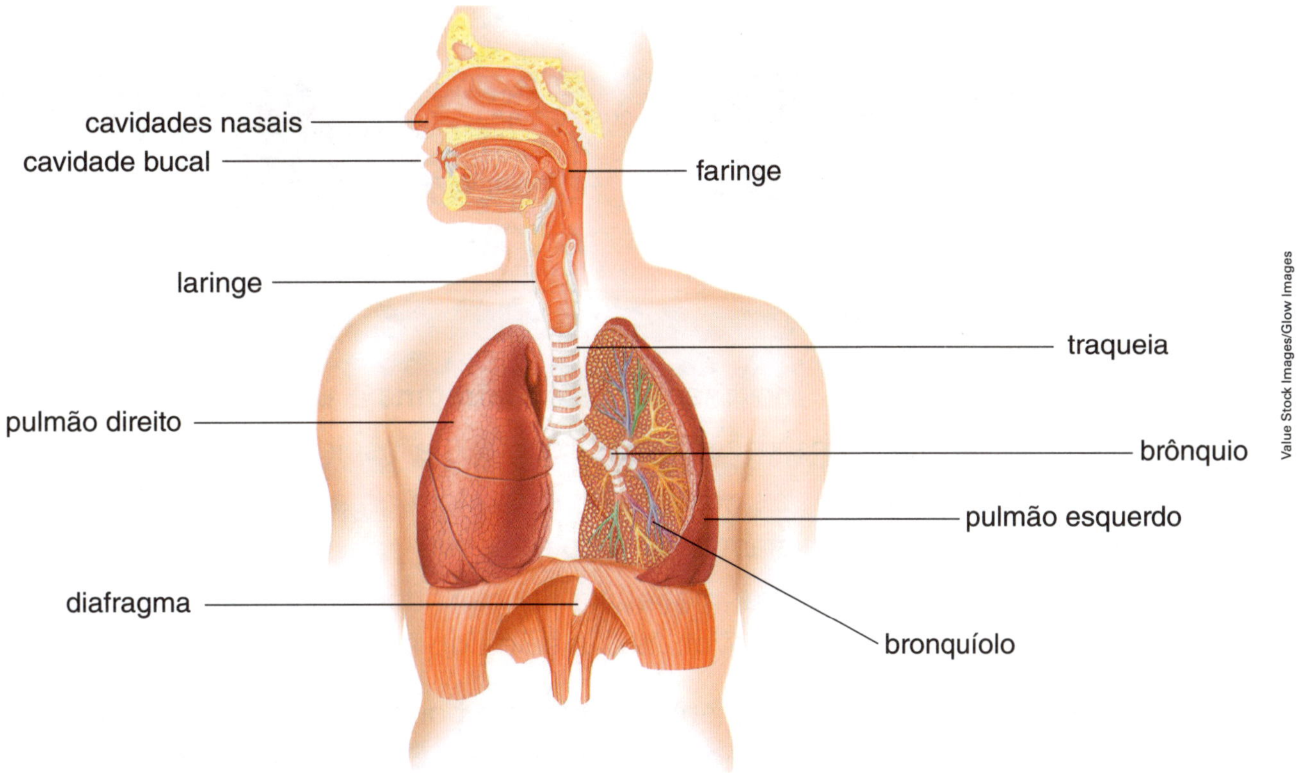

Ilustração esquemática do sistema respiratório humano. Cores fantasia.

A função do nariz não é só deixar passar o ar. Dentro do nariz, o ar é aquecido, filtrado e umedecido. Os pelinhos e o muco que temos dentro do nariz ajudam a filtrar o ar.

Depois de entrar pelo nariz, o ar passa por uma série de tubos e chega aos pulmões. Dentro dos pulmões, o gás oxigênio é absorvido e o gás carbônico é liberado. Esse processo é chamado troca gasosa. Respire fundo novamente. Chamamos a entrada e a saída do ar do corpo de **ventilação**. Na **inspiração** o ar entra, e na **expiração** o ar sai.

Coloque uma de suas mãos na frente de seu nariz. Agora, sinta o ar saindo do nariz. Você acabou de sentir o processo da expiração! Você percebeu que o ar expirado sai mais quente do que o ar atmosférico ao seu redor? Por que será que isso acontece? Porque o corpo aquece o ar.

COMO RESPIRAMOS

- **Você já observou que, enquanto respiramos, nosso peito e nossa barriga parecem mudar de tamanho? Por que isso acontece?**

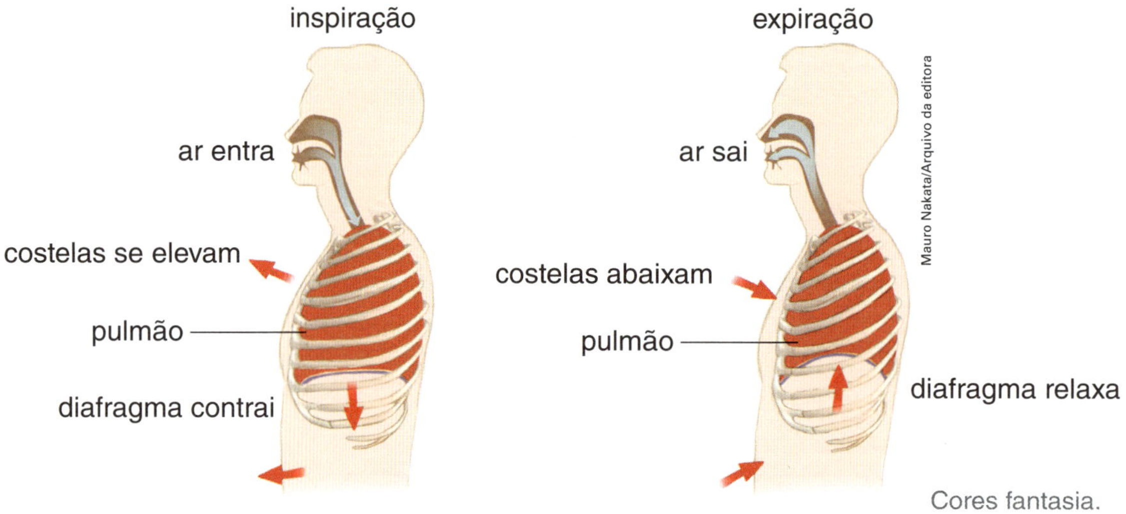

Cores fantasia.

Para respirarmos, movimentamos o **diafragma** e as costelas.

O diafragma é um músculo que se contrai na inspiração e relaxa na expiração.

Ao mesmo tempo, as costelas, que formam a caixa torácica, se elevam. Os **pulmões**, então, se dilatam fazendo o ar entrar.

Na expiração, o diafragma relaxa e a caixa torácica abaixa. Os pulmões voltam ao tamanho inicial, provocando a saída do ar.

- **Existe alguma diferença em respirar pela boca ou pelo nariz? Como você costuma respirar na maior parte do tempo? Converse com os colegas.**

Como você viu, quando o ar entra pela boca, ele não é filtrado nem umidificado, mas quando entra pelo **nariz**, chega mais quente, úmido e com menos impurezas aos pulmões, o que o torna mais saudável ao corpo.

Por que roncamos?

Você já deve ter reparado que ninguém ronca quando está acordado, não é mesmo? Quando a gente dorme, os músculos do pescoço que formam as vias aéreas – que são os locais por onde passa o ar que respiramos – ficam relaxados. Tão relaxados que diminuem o espaço de passagem do ar, provocando um ruído que chamamos de ronco!

SALVO, Amanda. *Universidade das Crianças*. Rádio UFMG Educativa. Disponível em: <www.ufmg.br/cienciaparatodos/wp-content/uploads/2011/11/41-unicriresponde-porqueroncamos.pdf>. Acesso em: 24 set. 2015.

- O que acontece com o ritmo da respiração quando uma pessoa faz uma atividade física intensa? Por quê?

Leo Drumond/Nitro

Alunos da Escola Estadual Professor Leon Renault, em Belo Horizonte (MG), 2010.

Durante atividades físicas intensas, os músculos precisam de bastante energia para realizar os movimentos. Para obter mais energia, o corpo precisa de mais gás oxigênio.

Nessas situações, o ritmo da respiração aumenta: a entrada de gás oxigênio e a saída do gás carbônico ocorrem mais rapidamente.

O gás oxigênio é vital para o funcionamento do corpo. Dentro das células, ele é usado para retirar a energia dos nutrientes obtidos com a alimentação. Durante esse processo é produzido o gás carbônico.

A energia é usada pelo organismo para executar as mais diversas atividades. Mas o gás carbônico precisa ser retirado do organismo.

O gás carbônico produzido nas células passa para o sangue. Quando o sangue chega aos pulmões, o gás carbônico passa do sangue para o ar. Então, esse ar é expirado.

A SAÚDE DO SISTEMA RESPIRATÓRIO

Muitas doenças atingem o sistema respiratório. Saiba mais sobre duas doenças muito comuns: a gripe e o resfriado.

Qual é a diferença entre gripe e resfriado?

Bom dia! Você acordou meio derrubado hoje? Com dor no corpo, coriza e mal-estar e não sabe se está com gripe ou resfriado? [...]

Tanto gripes quanto resfriados são doenças infecciosas. A gripe é causada pelo vírus *influenza* e o resfriado, principalmente, pelo rinovírus. As diferenças giram em torno da agressividade dos sintomas, que são muito mais fortes nos casos de gripe. [...]

É muito importante que o paciente tenha uma noção das diferenças e, caso desconfie de que esteja gripado, procure um médico e jamais ignore a doença. A gripe é uma doença tão séria que possui um tratamento e uma vacina específicos, enquanto o resfriado, não. [...]

Em pessoas saudáveis, a gripe se caracteriza pela combinação de tosse seca, febre com mais de 38 °C [...]. Para quem está em situação de risco, no entanto, não é preciso apresentar um terceiro sintoma. A visita ao médico é recomendável já pelo fato de febre e tosse se manifestarem juntas. [...]

Já os resfriados são mais brandos, dificilmente geram complicações graves como a pneumonia e não possuem tratamento específico. Quem fica resfriado pode se tratar em casa com repouso, boa hidratação, alimentação saudável, além de antitérmicos e analgésicos de costume, quando necessário. [...]

Resfriados e gripes têm prevenção parecida: lavar bem as mãos com água e sabão, usar álcool gel para higienização, manter ambientes ventilados e evitar o contato com pessoas gripadas ou resfriadas. [...]

R7. *Você sabe a diferença entre gripe e resfriado?*. São Paulo, 22 maio 2014. Disponível em: <http://noticias.r7.com/saude/voce-sabe-a-diferenca-entre-gripe-e-resfriado-22052014>. Acesso em: 23 set. 2015.

Estúdio 1 mais 2/Arquivo da editora

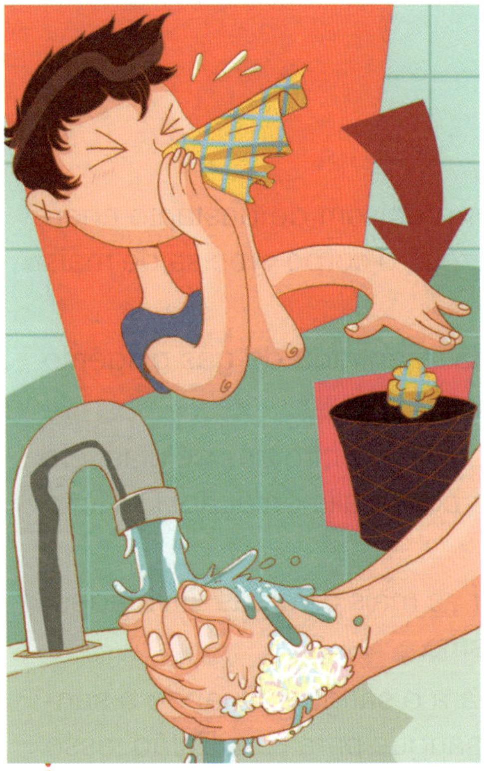

Cobrir a boca e o nariz com lenços de papel ao tossir ou espirrar, jogar o lenço no lixo após o uso e lavar as mãos constantemente são maneiras simples de evitar a transmissão de resfriados e gripes.

Além da gripe e do resfriado, outras doenças podem atingir o sistema respiratório.

- Asma – inflamação nas vias respiratórias que impede a entrada de ar.
- Bronquite – inflamação dos brônquios causada por vírus ou bactérias.
- Pneumonia – infecção dos pulmões, geralmente causada por vírus, bactérias ou fungos.
- Rinite – inflamação das células do nariz.
- Sinusite – inflamação em cavidades de ossos na região do nariz, dos olhos e das maçãs do rosto.

Veja abaixo o que podemos fazer para evitar essas e outras doenças que prejudicam o sistema respiratório.

- Evitar locais mal ventilados, com muitas pessoas e com fumaça de cigarro.
- Manter a casa e os ambientes de estudo e de trabalho sem poeira.
- Cobrir a boca e o nariz com um lenço de papel quando tossir ou espirrar; depois, jogar o lenço fora.
- Manter hábitos saudáveis, praticando atividades físicas e ficando longe de cigarros.
- Vacinar-se contra doenças, como a pneumonia e a gripe.

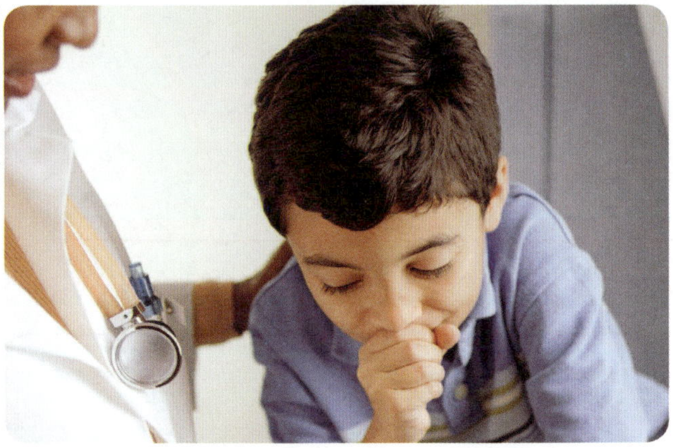
Randy Faris/Corbis/Latinstock

Image Source/Latinstock

JGI/Tom Grill/Glow Images

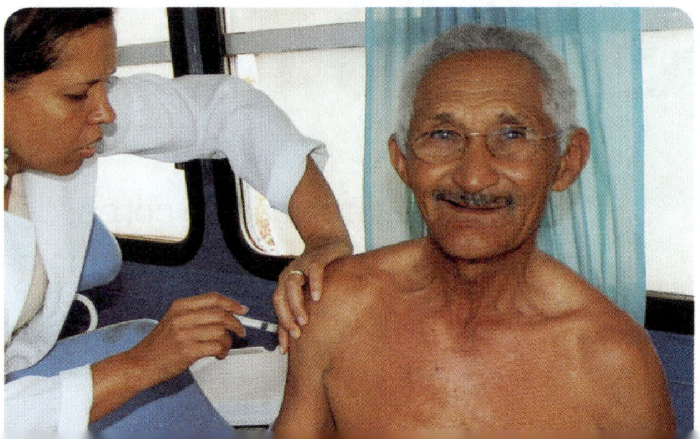
Antonio Cruz/ABr

A SAÚDE DO ORGANISMO

Para termos saúde precisamos que todos os sistemas do corpo funcionem bem. Para isso, é necessário manter hábitos alimentares saudáveis e ter cuidados com o corpo e com os locais em que moramos e frequentamos.

- **Descreva as ações que devem ser praticadas para termos um corpo saudável.**

Michel Bodman/Getty Images

Higiene do corpo

Vitaly Netiaga/Shutterstock/Glow Images

Higiene dos alimentos

Zurijeta/Shutterstock/Glow Images

Atividades físicas e descanso

Dieterlen/Sofood/Glow Images

Alimentação

Ainda em relação ao corpo, devemos também adotar medidas que promovam nossa saúde individual, como tomar vacinas e consultar o médico regularmente.

Infelizmente, nem todas as pessoas vivem em locais com condições adequadas. Alguns locais não têm **saneamento básico**, ou seja, as pessoas não têm acesso a tratamento de água e de esgoto, nem à coleta de lixo. Sem condições de saneamento, crianças e adultos ficam expostos a microrganismos que causam diversas doenças.

Bons hábitos de higiene pessoal ajudam a prevenir doenças; portanto, a manutenção da saúde depende de atitudes individuais e coletivas. E igualmente depende do governo, em geral municipal, responsável por manter, implantar e ampliar o sistema de saneamento básico para toda a população.

- **Você sabe por que essas medidas melhoram a vida das pessoas? Discuta com os colegas outras melhorias que podem ser feitas na cidade em que vivem.**

Anna Vaczi/Shutterstock

A coleta e tratamento de esgoto é fundamental para o saneamento básico urbano.

GWImages/Shutterstock

Lavar as mãos antes das refeições ajuda a prevenir muitas doenças.

NESTE CAPÍTULO, VOCÊ VIU QUE:

- O sistema respiratório é o responsável pela inspiração, expiração e também pelas trocas gasosas.
- O ar entra pelo nariz, passa por uma série de órgãos e chega aos pulmões.
- O gás oxigênio passa dos pulmões para o sangue e daí para as células.
- O sangue leva o gás carbônico das células para os pulmões, para ser eliminado junto com o ar durante a expiração.
- Gripes e resfriados são algumas doenças do sistema respiratório. Elas são causadas por microrganismos.
- Devemos adotar medidas de higiene para que o nosso corpo e o ambiente sejam saudáveis.

ATIVIDADES DO CAPÍTULO

1. Por que é melhor respirarmos pelo nariz, e não pela boca?

2. Nos pulmões ocorre uma troca de gases.

   a) Quais são esses gases, presentes também na atmosfera?

   b) Explique como acontece essa troca de gases em nosso corpo.

   c) Qual a diferença entre inspiração e expiração?

3. Você conhece o aparelho mostrado na foto? Converse com os colegas e o professor sobre a situação em que ele é necessário e qual é a função desse aparelho.

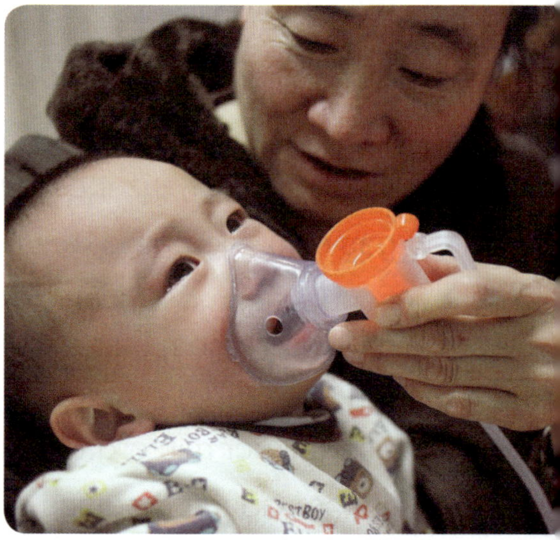

Reuters/Latinstock

4. Leia o poema.

Asma

É triste ficar sem terra,
é triste ficar sem mar.
Mas uma coisa eu garanto:
é pior ficar sem ar.
Quer jogar bola? Não dá.
Nadar no rio? Nem pensar.

Como correr e brincar
sem conseguir respirar?
A gente fica abatido,
parece que viu fantasma.
A gente vive cansado
quando pega a tal da asma!

AZEVEDO, Ricardo. *Não existe dor gostosa*. São Paulo: Companhia das Letrinhas, 2003.

a) O poema fala de qual doença? ______________________

b) Essa doença atinge qual sistema do nosso corpo? ______________________

c) O que devemos fazer para prevenir doenças que atingem o sistema respiratório?

____

____

5. Leia as informações do cartaz a seguir e depois responda às questões.

a) O cartaz faz parte de qual campanha?

____

b) O que as pessoas precisam fazer nessa campanha?

____

c) No cartaz, quais pessoas são chamadas para procurar os postos de vacinação?

____

____

____

Ministério da Saúde/Divulgação

LEITURA DE IMAGEM

PULMÕES E ÁRVORES

A preservação da natureza é uma preocupação de muita gente. Diversas campanhas são feitas para alertar as pessoas da importância da preservação de áreas verdes. Observe o pôster da campanha de preservação da natureza promovida pela Fundação SOS Mata Atlântica em 1998.

OBSERVE

Reprodução/Fundação SOS Mata Atlântica

ANALISE

1. O que a foto mostra?

2. O formato das árvores parece qual sistema do corpo humano?

3. Você acha que essa semelhança foi de propósito?

4. Compare o pôster da campanha com a figura do sistema respiratório na página 159.

   a) Quais órgãos do sistema respiratório são representados na imagem da campanha?

   b) Quais órgãos do sistema respiratório não são representados na imagem da campanha?

RELACIONE

5. Qual é a relação entre as plantas em geral e a nossa respiração?

6. No caderno, explique qual a intenção dos criadores da campanha ao relacionar as árvores com os pulmões.

ENTENDER E PRATICAR CIÊNCIAS

MODELO DE SISTEMA RESPIRATÓRIO

MATERIAL

- dois canudos dobráveis
- três bexigas
- uma garrafa PET de 2 L
- uma tesoura sem ponta
- fita adesiva
- massa de modelar

Procedimento

1. Corte a garrafa como indicado na figura ao lado.

Ilustrações: Vicente Mendonça/Arquivo da editora

2. Prenda os dois canudos com fita adesiva. Em cada ponta solta dos canudos, encaixe uma bexiga e prenda-a com fita adesiva.

3. Com a ajuda de um adulto, faça um furo na tampa da garrafa. O furo deve ser grande o suficiente para passar os dois canudos.

4. Passe os canudos pelo furo da tampa e prenda-os com um pouco de massa de modelar.

5. Pegue a bexiga que sobrou e dê um nó para fechá-la. Depois, corte um pedaço do fundo da bexiga e encaixe-a na parte inferior da garrafa. Se necessário, prenda-a com fita adesiva.

Observação e registro

6. Puxe e empurre a bexiga da parte inferior da garrafa. O que acontece com as bexigas que estão dentro da garrafa?

7. O que representam as duas bexigas dentro da garrafa? E a bexiga da parte inferior?

Conclusão

Você acabou de montar um modelo do sistema respiratório. Em ciência, os modelos são usados para representar e estudar algo que é real. Mas, em geral, os modelos não são exatamente como a realidade.

- **Discuta com os colegas e o professor: que diferenças e semelhanças há entre o modelo montado e o sistema respiratório humano?**

O QUE APRENDI?

1. No começo da Unidade vimos a imagem de um nadador.

S.Pytel/Shutterstock

Responda às questões abaixo no caderno.

a) Quando nos movimentamos, nossos músculos utilizam nutrientes e gás oxigênio. Em nosso organismo, quais sistemas de órgãos estão relacionados à obtenção desses recursos?

b) Depois de obtidos, os recursos devem ser distribuídos pelo nosso corpo. Como isso ocorre?

c) Você acha que os sistemas do corpo humano funcionam em conjunto ou de modo independente?

d) Caso o sistema urinário falhe, os outros sistemas serão afetados?

2. Relacione os termos aprendidos nesta Unidade aos sistemas de órgãos correspondentes.

vasos sanguíneos	
urina	sistema urinário
digestão	
pulmões	sistema cardiovascular
rins	
nutrientes	sistema respiratório
fibras alimentares	sistema digestório
glóbulos vermelhos	

3. Este é o momento de pensar no que você aprendeu nesta Unidade. Indique com um **X** na tabela.

Conteúdos estudados	Compreendi este conteúdo	Fiquei com algumas dúvidas e preciso retomar	Não compreendi e preciso retomar
Capítulo 10 Digestão dos alimentos e alimentação saudável			
Capítulo 11 Circulação do sangue e produção da urina			
Capítulo 12 Respiração e cuidados com o corpo			

Converse com os colegas e o professor para entender melhor o seu aproveitamento.

PARA SABER MAIS

LIVROS

Reprodução/Ed. Larousse Júnior

Mini Larousse do Universo. São Paulo: Larousse Júnior, 2005.

Você sabe por que existem as estações do ano: primavera, verão, outono e inverno? Por que o planeta Terra está situado no Sistema Solar? Descubra curiosidades sobre o Sol, a Via Láctea, as primeiras viagens do homem ao espaço e muito mais a respeito do nosso Sistema Solar neste livro, que traz respostas didáticas e científicas.

Galileu e a primeira guerra nas estrelas. Luca Novelli. São Paulo: Ciranda Cultural, 2008.

Galileu Galilei, o pai da Astronomia moderna em pessoa, narra sua vida, junto a guerras, epidemias e superstições de sua época, e suas maravilhosas descobertas, como as montanhas da Lua, os satélites de Júpiter e as manchas solares. Galileu construiu inúmeros instrumentos e deu um *show* com seus experimentos.

Reprodução/Ed. Ciranda Cultural

Reprodução/Ed. Embrapa

Fotossíntese e aquecimento global. Guido Heleno, Moacyr Bernardinho Dias Filho. Brasília: Embrapa, 2009.

Viaje com Pedro, Takeo, Neide e Lúcia em uma excursão escolar na qual os alunos, em clima de aventura, têm de resolver sete desafios sobre fotossíntese e aquecimento global. Aprenda mais, de forma divertida, sobre esse tema, com um livro escrito em linguagem simples, bem ilustrado e com um glossário no final para as palavras mais complicadas.

Era uma vez um girino. Judith Anderson, Mike Gordon. São Paulo: Scipione, 2010.

O livro aborda a história da vida de um girino desde sua fase inicial, quando não passa de um pequeno ovo envolvido em uma bolsa gelatinosa, até se transformar num barulhento sapo. A história da metamorfose desse animal é contada sob o olhar de três crianças que gostam de observar a natureza. O livro conta também com atividades e sugestões que ajudam a explorar o tema.

Reprodução/Ed. Scipione

Reprodução/Ed. Moderna

Natureza e seres vivos. Samuel Murgel Branco. São Paulo: Moderna, 2002.

Você já se perguntou como a natureza "funciona"? Este livro mostra a relação de equilíbrio entre os seres vivos e a natureza.

Reprodução/Ed. DCL

Comilança. Fernando Vilela. São Paulo: DCL, 2008.

O livro convida o leitor a conhecer a cadeia alimentar dos animais que vivem na floresta Amazônica e traz ilustrações criativas.

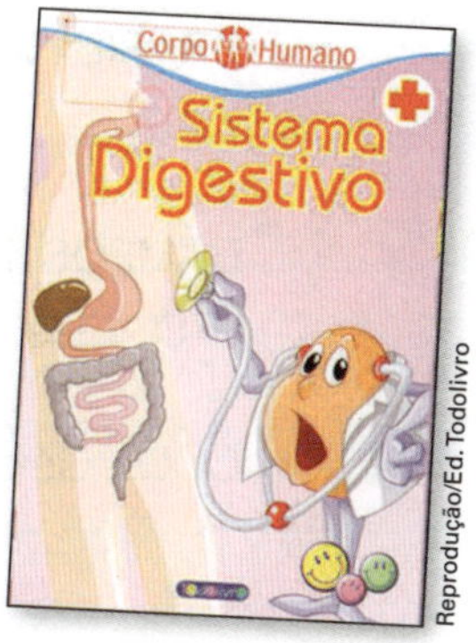

Reprodução/Ed. Todolivro

Sistema digestivo. Elizabeth Avila Ferrari. São Paulo: Todolivro, 2002.

A obra ensina o funcionamento e a localização dos órgãos do sistema digestório humano no corpo. Além disso, mostra como hábitos de higiene podem prevenir doenças.

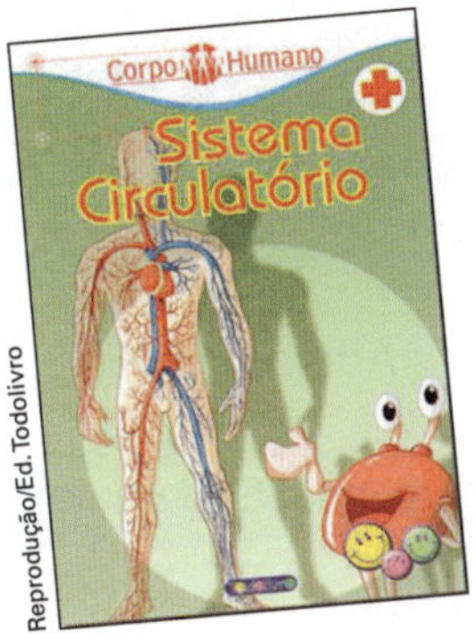

Reprodução/Ed. Todolivro

Sistema circulatório. Elizabeth Avila Ferrari. São Paulo: Todolivro, 2002.

O livro aborda o sistema circulatório do corpo humano, fazendo com que os leitores iniciantes aperfeiçoem o conhecimento desse assunto por meio de textos simples e ilustrações explicativas.

SITES

Reprodução/<www.on.br/pequeno_cientista/nave.html>

***Site* Pequeno cientista**

<www.on.br/pequeno_cientista/nave.html>. Acesso em: 30 out. 2015.

Este *site* traz uma série de informações interessantes, animações divertidas sobre o Sistema Solar e experiências diversas.

Reprodução/<www.clubinhosabesp.com.br>

Clubinho Sabesp

<www.clubinhosabesp.com.br/>. Acesso em: 30 out. 2015.

O *site* trata do uso consciente da água e da preservação do meio ambiente.

BIBLIOGRAFIA

BIZZO, Nélio. *Ciências*: fácil ou difícil?. São Paulo: Ática, 2002.

BRASIL. Secretaria de Educação Fundamental. *Parâmetros Curriculares Nacionais*. Brasília: MEC/SEF, 1997.

CAMPOS, Maria C. C. et al. *Didática de Ciências*: o ensino-aprendizagem como investigação. São Paulo: FTD, 1999.

COLL, César. *Aprendendo Ciências*. São Paulo: Ática, 1999.

__________ et al. *Aprendizagem escolar e construção do conhecimento*. Porto Alegre: Artmed, 1994.

COLOMER, Tereza; CAMPS, Anna. *Ensinar a ler, ensinar a compreender*. Porto Alegre: Artmed, 2002.

ESPINOSA, Ana Maria. *Ciências na escola*: novas perspectivas para a formação dos alunos. São Paulo: Ática, 2010.

GROSSO, A. B. *Eureka!*. Práticas de Ciências para o Ensino Fundamental. São Paulo: Cortez, 2006. (Oficinas – Aprender fazendo).

KOHL, Mary Ann F.; POTTER, Jean. *Descobrindo a ciência pela arte*: propostas de experiências. Porto Alegre: Artmed, 2003.

LERNER, Delia et al. *Piaget-Vygotsky*: novas contribuições para o debate. São Paulo: Ática, 1995.

LUCKESI, Cipriano C. *Avaliações da aprendizagem escolar*. São Paulo: Cortez, 2005.

MACEDO, Lino. *Ensaios construtivistas*. São Paulo: Casa do Psicólogo, 1994.

PERRENOUD, Philippe. *Dez novas competências para ensinar*. Porto Alegre: Artmed, 2000.

__________; THURLER, Mônica G. *As competências para ensinar no século XXI*. Porto Alegre: Artmed, 2002.

VYGOTSKY, L. S. *Formação social da mente*. São Paulo: Martins Fontes, 1984.

WEISSMANN, Hilda (Org.). *Didática das Ciências Naturais*: contribuições e reflexões. Tradução de Beatriz Affonso Neves. Porto Alegre: Artmed, 1998.

ZABALA, Antoni. *A prática educativa*: como ensinar. Tradução de Ernani F. da F. Rosa. Porto Alegre: Artmed, 1998.